"十四五"职业教育国家规划教材

电路分析与仿真教程
（第 2 版）

李 涛　付尚波　徐 恒　主编

北京航空航天大学出版社

内 容 简 介

在党的二十大精神的指引下,我国迈向全面深化改革、推进中国式现代化的新征程,新质生产力成为推动高质量发展的核心动力。本书基于高素质技术技能人才培养目标,基于"综合职业能力本位"的高职人才培养目标,在知识点处理上以"够用、必需"为原则,删繁就简,通俗易学;在技能提升上引入 Multisim 仿真软件,将仿真测试和仿真设计充分结合;在内容安排上坚持"生动、趣味"的原则,栏目形式多样,贴近生活,易激发学习兴趣。本书包含电路初探、电阻电路的等效变换与仿真、电阻电路分析与仿真、线性电路分析与仿真、正弦交流电路分析与仿真、三相正弦交流电路分析与仿真、互感耦合电路分析与仿真、磁路与变压器分析与仿真、一阶动态电路分析与仿真共 9 个难度递进的项目,通过系统的电路知识讲解和仿真实践训练,着力夯实电路分析基础,提升创新思维、实践能力和解决实际问题的能力。

本书可作为高职院校的电子信息技术、通信技术、应用电子技术、电气技术、自动控制技术、物联网技术、电力技术等专业电路课程的教材,也可作为广大工程技术人员的参考用书。

图书在版编目(CIP)数据

电路分析与仿真教程 / 李涛,付尚波,徐恒主编.
2 版. -- 北京:北京航空航天大学出版社,2024.8.
ISBN 978 - 7 - 5124 - 4493 - 5

Ⅰ.TM133;TN702.2

中国国家版本馆 CIP 数据核字第 2024HM9035 号

版权所有,侵权必究。

电路分析与仿真教程(第 2 版)
李 涛 付尚波 徐 恒 主编
策划编辑 冯 颖 责任编辑 周世婷
*
北京航空航天大学出版社出版发行
北京市海淀区学院路 37 号(邮编 100191) http://www.buaapress.com.cn
发行部电话:(010)82317024 传真:(010)82328026
读者信箱:goodtextbook@126.com 邮购电话:(010)82316936
涿州市新华印刷有限公司印装 各地书店经销
*
开本:710×1 000 1/16 印张:16 字数:341 千字
2024 年 8 月第 2 版 2024 年 8 月第 1 次印刷 印数:3 000 册
ISBN 978 - 7 - 5124 - 4493 - 5 定价:59.80 元

若本书有倒页、脱页、缺页等印装质量问题,请与本社发行部联系调换。联系电话:(010)82317024

第 2 版前言

党的二十大报告提出"优化职业教育类型定位",随着职业教育高质量发展的深入推进,高职人才培养以"综合职业能力本位"为目标的建构日益清晰。本书基于高职教育的人才培养目标,立足高职学生的学习需求,充分考虑当今电子行业的发展方向,改进传统电路教材,充分利用Multisim仿真软件。本书主要特色如下:

1. **注重仿真,适应发展**。本书的最大特色就是引入 Multisim 电路仿真,并实现电路设计与仿真设计的融合,原理图与仿真图的结合,理论计算与仿真验证的配合。Multisim 虚拟实验的引入有助于理论知识的理解和满足后续学习需求,并有助于落实"理实一体"高职教育理念;理论加仿真的内容编排有助于实现"学生主体,教师主导"的教学过程,达成"教、学、做合一"的教学模式。

2. **注重概念,直观易学**。本书从感性到理性系统地介绍了电路的基本概念、基本规律和基本分析方法。在体系安排上,先直流后交流,先稳态后暂态,由浅入深,循序渐进;在内容呈现上,轻公式推演,重公式应用,精选典型例题,帮助学生学习电路的多种分析方法。

3. **注重基本,兼顾层次**。本书以电路基本知识点为脉络,删繁就简,略去复杂难懂的次要内容,如复频域分析等;保证知识点"够用、必需"的同时,适当保留一些带"※"的难点,满足不同层次学生的自学需求。

4. **注重引导,提升能力**。本书在章节内设计清新的小栏目,借助"思一思""小提示"等,以有趣应用、图中示意或形象点拨等方式,调动学生学习的兴奋点,提高学习效率;章节后面既配有练习题,可进行理论要点检验,又配有开放性仿真设计要求,可进行仿真能力检测。

本书按校企资源协同、名师名匠协作的方式开展编审工作。全书由李涛、付尚波、徐恒担任主编,李彬、杨怡、汤素丽担任副主编,张双、陈家帅参加编写。其中,李涛编写项目1~3;成都精沛科技有限公司、工信部产业教授付尚波编写项目4和项目5,徐恒、李彬编写项目6和项目7,汤素丽编写项目8,张双编写项目9,陈家帅编写附录,全书二维码内容由杨怡完成。全书由四川航天职业技术学院教授、"新时代职业学校名匠"宋科和四川航天燎原科技有限公司特级技师、"全国五一劳动奖章"获得者唐仁杰担任主审。

为了帮助高职学生更好地理解和掌握该课程的基本内容、基本的分析方法和解题方法,提高分析问题和解决问题的能力,编者还编写了《电路分析与仿真学习指导》(书号:978-7-5124-1840-0)一书,建议与本书配套使用。

潜心尝试,志在改革;更新教材,意在利学;若有错漏,诚望指教。

编 者

2024年5月

目 录

项目 1　电路初探 ·· 1
　1.1　电路与电路模型 ··· 1
　　1.1.1　实际电路 ·· 1
　　1.1.2　电路模型与理想元件 ··· 3
　　1.1.3　电路的三种状态 ··· 4
　　1.1.4　电路分析 ·· 5
　1.2　电路的基本物理量 ·· 7
　　1.2.1　电流及参考方向 ··· 7
　　1.2.2　电压、电位与电动势 ··· 9
　　1.2.3　电能与电功率 ·· 12
　1.3　常用的电路元件 ··· 14
　　1.3.1　电　阻 ·· 14
　　1.3.2　电　感 ·· 18
　　1.3.3　电　容 ·· 19
　1.4　独立电源 ··· 21
　　1.4.1　理想电压源 ·· 22
　　1.4.2　理想电流源 ·· 23
　　1.4.3　受控电源 ·· 25
　1.5　基尔霍夫定律 ·· 27
　　1.5.1　常用电路术语 ·· 27
　　1.5.2　基尔霍夫电流定律 ·· 28
　　1.5.3　基尔霍夫电压定律 ·· 30
　习　题 ·· 33
　【仿真设计】验证基尔霍夫定律 ·· 35

项目 2　电阻电路的等效变换与仿真 ·· 36
　2.1　电阻的串联、并联和混联 ··· 36
　　2.1.1　电阻的串联及分压 ·· 36
　　2.1.2　电阻的并联及分流 ·· 39
　　2.1.3　电阻的混联及等效 ·· 41
　2.2　△-Y 电阻网络的等效变换 ·· 44
　2.3　实际电源的两种模型及等效 ·· 48
　　2.3.1　实际电源的两种模型 ··· 48
　　2.3.2　实际电源的等效互换 ··· 49
　※2.4　端口输入电阻 ·· 53
　习　题 ·· 55
　【仿真设计】电阻电路等效变换验证 ··· 56

项目3　电阻电路分析与仿真 ……………………………………………………… 58
3.1　支路变量分析法 …………………………………………………………… 58
3.1.1　2b 方程 ……………………………………………………………… 59
3.1.2　支路电流法 ………………………………………………………… 60
3.2　网孔电流法 ………………………………………………………………… 64
3.3　节点电压法 ………………………………………………………………… 69
习　题 ……………………………………………………………………………… 74
【仿真设计】电路基本分析方法验证 …………………………………………… 76

项目4　线性电路分析与仿真 ……………………………………………………… 77
4.1　叠加定理 …………………………………………………………………… 77
4.2　等效电源定理 ……………………………………………………………… 83
4.2.1　戴维南定理 ………………………………………………………… 83
4.2.2　诺顿定理 …………………………………………………………… 87
4.3　最大功率传输定理 ………………………………………………………… 91
习　题 ……………………………………………………………………………… 95
【仿真设计】戴维南定理及最大传输定理验证 ………………………………… 96

项目5　正弦交流电路分析与仿真 ………………………………………………… 99
5.1　正弦交流电的表示方法 …………………………………………………… 99
5.1.1　正弦交流电的瞬时值表示 ………………………………………… 99
5.1.2　正弦量的向量表示 ………………………………………………… 102
5.2　单一参数正弦交流电路的分析 …………………………………………… 106
5.2.1　纯电阻电路 ………………………………………………………… 106
5.2.2　纯电感电路 ………………………………………………………… 108
5.2.3　纯电容电路 ………………………………………………………… 111
5.2.4　电感与电容的连接 ………………………………………………… 113
5.3　用向量法分析正弦交流电路 ……………………………………………… 116
5.3.1　复阻抗与复导纳 …………………………………………………… 117
5.3.2　基尔霍夫定律的向量形式 ………………………………………… 119
5.3.3　RLC 串联的交流电路 ……………………………………………… 122
5.4　功率因数的提高 …………………………………………………………… 126
5.5　谐振电路 …………………………………………………………………… 128
5.5.1　串联谐振电路 ……………………………………………………… 128
5.5.2　并联谐振电路 ……………………………………………………… 130
5.5.3　谐振电路的频率特性 ……………………………………………… 131
5.5.4　谐振电路的应用 …………………………………………………… 134
习　题 ……………………………………………………………………………… 136
【仿真设计】谐振电路的仿真验证 ……………………………………………… 141

项目6　三相正弦交流电路分析与仿真 …………………………………………… 142
6.1　对称三相正弦交流电源 …………………………………………………… 142
6.1.1　对称三相正弦交流电路的特征及数学表达式 …………………… 143
6.1.2　对称三相正弦交流电源的产生及连接方式 ……………………… 144

  6.1.3 对称三相电源的相序 ………………………………………… 147
 6.2 对称三相正弦交流电路的计算 …………………………………… 147
  6.2.1 三相负载的连接方式 ………………………………………… 148
  6.2.2 对称三相电路的计算 ………………………………………… 148
 6.3 对称三相正弦交流电路的功率 …………………………………… 154
  6.3.1 对称三相电路的平均功率 …………………………………… 154
  6.3.2 对称三相电路的无功功率和视在功率 …………………… 155
 6.4 三相正弦交流电路中功率的测量 ………………………………… 158
  6.4.1 三相四线制电路中功率的测量 …………………………… 158
  6.4.2 三相三线制电路中功率的测量 …………………………… 159
  6.4.3 利用 Multisim 对三相电路进行仿真和测量 …………… 160
 6.5 不对称三相正弦交流电路的分析 ………………………………… 164
  6.5.1 星形连接的不对称负载三相电路 ………………………… 165
  6.5.2 △形连接的不对称负载三相电路 ………………………… 168
 6.6 安全用电 ………………………………………………………… 170
  6.6.1 触电的危险和预防 …………………………………………… 170
  6.6.2 电气设备的接地与接零 ……………………………………… 171
 习 题 ……………………………………………………………………… 176
【仿真设计】三相正弦交流电路的仿真验证 ……………………………… 177

项目 7 互感耦合电路分析与仿真 ……………………………………… 178
 7.1 互 感 …………………………………………………………… 178
  7.1.1 互感现象 ……………………………………………………… 178
  7.1.2 互感系数 M ………………………………………………… 179
  7.1.3 耦合系数 k ………………………………………………… 179
  7.1.4 互感电压 ……………………………………………………… 180
  7.1.5 互感线圈的同名端 …………………………………………… 181
 7.2 互感线圈的串联、并联 …………………………………………… 182
  7.2.1 互感线圈的串联 ……………………………………………… 183
  7.2.2 互感的线圈并联 ……………………………………………… 184
  7.2.3 T 形等效电路 ………………………………………………… 186
 7.3 互感应用实例 …………………………………………………… 186
 习 题 ……………………………………………………………………… 187

项目 8 磁路与变压器分析与仿真 ……………………………………… 189
 8.1 磁路的基本性质 ………………………………………………… 189
  8.1.1 磁场的基本物理量 …………………………………………… 190
  8.1.2 磁 路 ………………………………………………………… 192
 8.2 铁磁材料的性能 ………………………………………………… 193
  8.2.1 铁磁物质的磁化 ……………………………………………… 193
  8.2.2 磁化曲线 ……………………………………………………… 194
  8.2.3 铁磁材料的分类 ……………………………………………… 195
  8.2.4 交流铁芯线圈的损耗 ………………………………………… 195

8.3 磁路的基本定律 ………………………………… 196
　8.3.1 安培环路定理 ……………………………… 197
　8.3.2 磁路欧姆定理 ……………………………… 197
8.4 变压器 …………………………………………… 199
　8.4.1 变压器的用途及结构 ……………………… 199
　8.4.2 变压器的工作原理 ………………………… 201
　8.4.3 变压器的额定值 …………………………… 203
　8.4.4 单相变压器的负载运行 …………………… 204
　8.4.5 三相变压器 ………………………………… 207
8.5 变压器的运行特性 ……………………………… 211
　8.5.1 变压器的外特性和电压调整率 …………… 211
　8.5.2 变压器的功率与效率 ……………………… 212
8.6 特殊变压器 ……………………………………… 213
　8.6.1 自耦变压器 ………………………………… 213
　8.6.2 仪用互感器 ………………………………… 215
　8.6.3 电焊变压器 ………………………………… 216
　8.6.4 脉冲变压器 ………………………………… 217
习　题 ………………………………………………… 217

项目9　一阶动态电路分析与仿真 … 219

9.1 电路的过渡现象及换路定理 …………………… 219
　9.1.1 过渡现象 …………………………………… 219
　9.1.2 电容充放电仿真实验 ……………………… 220
　9.1.3 换路定律 …………………………………… 220
9.2 动态电路的初值及终值的计算 ………………… 222
　9.2.1 初值的计算 ………………………………… 222
　9.2.2 稳态值的计算 ……………………………… 226
9.3 动态电路的微分方程 …………………………… 227
　9.3.1 动态元件 …………………………………… 227
　9.3.2 一阶动态电路方程 ………………………… 228
　9.3.3 二阶动态电路微分方程 …………………… 229
9.4 直流一阶电路的全响应及三要素法 …………… 230
　9.4.1 一阶微分方程的求解 ……………………… 230
　9.4.2 三要素求解 ………………………………… 231
9.5 一阶动态电路全响应的两种分解 ……………… 234
　9.5.1 暂态响应和稳态响应 ……………………… 234
　9.5.2 零输入响应和零状态响应 ………………… 235
习　题 ………………………………………………… 236
【仿真设计】一阶动态电路的仿真验证 …………… 237

附　录　Multisim 13仿真软件快速入门——仿真电路的搭建与测量 …… 239
参考文献 ……………………………………………… 245

项目 1　电路初探

日常生活中，电的应用无处不在，比如手机、计算机、汽车、家用电器等各种设备的使用都依赖于电路的正常工作。那么该如何分析各式各样的实际电路呢？

本项目在理解直流电路组成的基础上，通过探索电路图的绘制与仿真，着力提升电路分析、仿真与设计的工程意识。

☞ **知识目标：**

① 了解电路和电路模型的概念；
② 区分各电路参数的含义；
③ 理解电压、电流参考方向的意义；
④ 熟悉电路中常用元器件的符号、特性及相关公式；
⑤ 掌握 Multisim 软件的基本使用方法。

☞ **能力目标：**

① 能利用 Multisim 软件仿真简单的直流电路；
② 能测量电路中的电压、电流等物理量；
③ 能计算电路中的电流、电压及功率。

1.1　电路与电路模型

概要导览

1.1.1　实际电路

1. 概　念

电路是电流的流通路径，是由若干电气元器件根据应用需要组合而成的整体。

在日常生活或生产实践中,广泛应用着各式各样的电路,如照明电路、通信电路、自动控制电路等,这些电路都是实际电路。

2. 电路的功能

现代工程技术领域中,电路种类繁多,形式和结构各不相同,但就功能而言,可分为以下两种:

(1) 能量的转换、传输和分配

在电力系统中,发电机组将其他形式的能量转化成电能,经变压器、输电线传输到各用电部门,并最终将电能转换为其他形式的能加以利用。这类电路的特点是功率大、电流大。

(2) 电信号的处理和传递

在电子技术中,需要对电信号进行传递、变换、存储和处理。比如电视机就是将电信号经过调谐、滤波、放大等环节的处理,转换成人们所需要的其他信号。这类电路的特点是功率小、电流小,广泛应用于自动控制、通信以及计算机技术等领域。

> **想一想**
>
> 手电筒电路见图 1-1,扩音机电路见图 1-2,它们各属于哪种功能分类?
>
>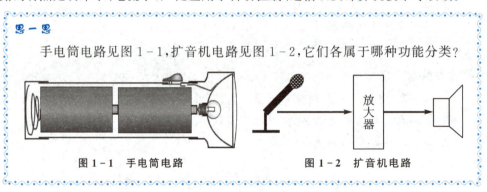
>
> 图 1-1 手电筒电路　　　　图 1-2 扩音机电路

3. 电路的组成

电路,无论简单或是复杂,通常都是由电源、负载和转换环节三部分组成的,如图 1-3 所示。

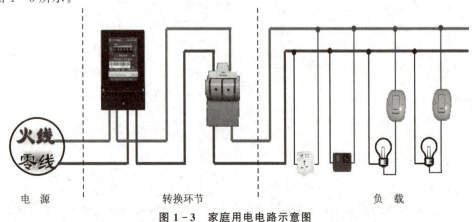

图 1-3 家庭用电电路示意图

(1) 电源(source)

电源是可将其他形式的能量转换成电能的装置,如将机械能转换为电能的发电机,将化学能转换为电能的电池等。此外,水力资源、原子能、地热、太阳能、风能等都可以转换为电能。

(2) 负载(load)

负载是消耗或转换电能的部分,也是各种用电设备的总称,如电视机、电能、荧光灯、电动机、扬声器等。

(3) 转换环节(intermediate)

转换环节是指连接及控制电路的部分,也即电路中除电源和负载之外的电气部分,起传输、控制、分配电能的作用,如开关、导线、输电线、放大器、变压器等。

1.1.2 电路模型与理想元件

实际电路在运行过程中的表现非常复杂,因为所运用的实际器件,如电阻器、电容器、电感线圈、晶体管、变压器、运算放大器等,在实际的电流、电压和环境下复杂多变。比如电阻器中电流变化时,周围会伴随有电磁场的变化;电容器中不但储存电场能量,还经常消耗能量,同时器件内部还经常伴有热效应、化学效应和机械效应等。实际电路的复杂性使得从数学角度精确描述这种现象相当困难。因而可将实际电路理想化,得到实际电路的电路模型。

1. 电路模型

电路模型实际上就是由一些理想电路元器件构成的,与实际电路相对应的电路图。图1-4(a)所示为手电筒照明的实际电路,图1-4(b)所示为手电筒的电路模型。

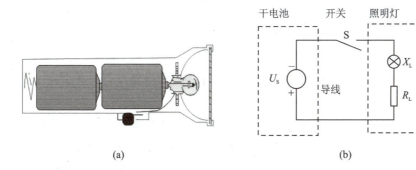

图1-4 手电筒实际电路和电路模型

通常所说的电路分析是指对电路模型的分析。虽然分析结果仅是实际电路的近似值,却是判断实际系统电性能和指导电路设计的重要依据。

模型的概念不仅应用于电路理论,也广泛应用于其他科学领域。广义而言,模型就是任何实体的理想化表示。建立正确的模型能更普遍、更深刻地描述实体的主要特征。在不同条件下,逐步地改善模型,就能逐步精确地表达实体。因此,一切科学理论都建立在模型的基础之上,没有模型就没有科学分析。

2. 理想电路元件

理想电路元件是将实际电路器件理想化后得到的具有某种单一电磁性质的元件,是电路中最基本的组成单元。常见的理想电路元件有以下三种:

① 理想电阻元件:只消耗电能(既不储存电能,也不储存磁能);

② 理想电容元件:只储存电能(既不消耗电能,也不储存磁能);

③ 理想电感元件:只储存磁能(既不消耗电能,也不储存电能)。

理想电路元件是一种理想的模型,并具有精确的数学定义,在电路图模型中,各种电路元件用规定的图形符号表示,如图 1-5 所示。在列举的常用电器元件中,电阻、电感和电容属于无源元件;电压源和电流源属于有源元件。

图 1-5　理想电路元件

本书所研究的电路均为电路模型,简称电路。模型中的元件均为理想元件。

1.1.3　电路的三种状态

分析电路,要从了解电路的三种状态开始。电路的三种状态是指通路(负载)、开路(空载)和短路。

1) 通路(closed circuit)又称负载,是指处处导通的电路。

如图 1-6(a)所示,电路开关闭合,电路形成闭合回路,电源向负载电阻 R 输出电流。通路状态的主要特点是:电路中有电流通过,电器能够工作。

通路状态下,根据负载的大小,又分为满载、轻载、过载三种情况。负载在额定功率下的工作状态叫额定工作状态或满载;在低于额定功率下的工作状态叫轻载;在高于额定功率下的工作状态叫过载。由于过载很容易烧坏电器,因此一般情况都不允许出现过载。

2) 开路(open circuit)又称空载,是指某处断开的电路。

如图 1-6(b)所示,电路开关断开,电源与负载未构成闭合回路。此时,电路中没有电流通过,电源不向负载输送电能。开路状态的主要特点是:电路中的电流为零,电器不能工作。

3) 短路(short circuit)是指负载电阻与导线直接相连的电路。

如图 1-6(c)所示,电源两端直接用导线连接起来,电阻的两端电压为零,电阻上无电流,电阻短路;同时,外电路电阻为零,电流非常大,电源短路。短路状态的主要特点是:电源端电压为零,电流很大。

短路有电源短路和局部短路,易造成电路故障(见表 1-1),应该尽量避免。

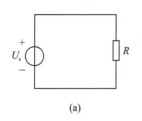 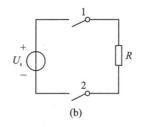 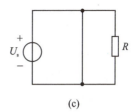

(a)   (b)   (c)

图 1-6 电路的三种状态

表 1-1 短路类型与故障

类 型	原 因	结 果
电源短路	导线直接与电源两极连接	轻则引起电路故障,重则烧毁电源,甚至引起火灾
局部短路	当电路中有多个用电器时,部分用电器两端直接用导线连接起来	被短路的部分用电器不能工作

思一思

1. 生活中防止出现电源短路的常见方法是什么?
2. 看看生活中的这些现象属于电路的什么状态?

现 象	电路状态
开灯,灯亮	
开灯,灯不亮	
开灯,用冰箱、空调、电饭煲、电视、电脑、音响、电炒锅等	
电线外皮破损,火线、零线相碰	

1.1.4 电路分析

电路分析的任务是根据已知的电路结构和元件参数,在特定的激励下,求得给定电路的响应。

激励(excitation)又称电路的输入,是指外加电源或信号源(用来携带信息的电流或电压,如音频信号电压);响应(response)又称电路的输出,是指由激励引起的电压或电流。

作为电路分析的基础,这里主要讨论集总参数电路、线性电路和时不变电路的分析方法。

1. 集总参数电路(lumped circuit)

集总参数电路是电路理论分析的基础。对实际电路理想化的前提是假设实际电路元件的电磁现象可以分别研究,且这些电磁过程分别集中在元件内部进行。这种被假定只反映一种主要电磁性能的元件称为集总参数元件。由集总参数元件组成的电路称为集总参数电路,简称集总电路。

如果电路的元件及电路本身尺寸远小于其工作信号的波长,可以认为电流是同时到达电路各处的,即没有时间延迟,这时整个电路可以看成电磁空间的一个点,这种条件下的电路称为集总参数电路;反之,称为分布参数电路(distributed circuit)。

对常见的低频放大电路而言,假设它所传输的信号频率 $f=30\sim 300$ kHz,传播速度为光速 $c=3\times 10^8$ m/s,则信号的最小波长 λ 为

$$\lambda = \frac{c}{f} = 1\times 10^4 \sim 1\times 10^5 \text{ m}$$

可见,其波长远大于通常的低频放大电路的尺寸,该条件下的电路属于集总参数电路。

又如,在计算机电路中的集成芯片中,可能有成千上万个电子器件。如果集成芯片的尺寸为 0.5 cm×0.5 cm,工作频率为 100 MHz,则 $\lambda=c/f=3$ m,可见,电路尺寸也远小于工作波长,因此该集成芯片也可视为集总参数电路。

反之,在 $\lambda<1$ m 的电路中,如电视天线、雷达天线和通信卫星天线等,它们的工作波长一般可以与电路的尺寸相比拟,这些电路上的电压或电流不仅是时间的函数,同时也是位置的函数。这类电路称为分布参数电路。

如通信卫星天线,直径大致为几十米。若工作频率 $f=30$ GHz,则相应的波长 $\lambda=10$ cm。可见,这类天线或不太长的传输线都属于分布参数电路。

2. 线性电路(linear circuit)

若描述电路特征的所有方程都是线性代数方程或线性微积分方程,或者说电路是由线性元件(电阻、电容、电感等)构成的,则该电路称为线性电路。

3. 时不变电路(time invariant circuit)

若描述电路特征的方程各项系数为常数,组成电路的元器件参数不随时间的变化而变化,或者说组成电路的元器件参数不随时间变化,则该电路称为时不变电路。

本课程主要介绍以集总参数线性时不变电路为主要对象建立的基本理论、基本概念和基本分析方法,以直流、正弦交流、阶跃信号为输入信号,研究电路输出的变化规律。

本课程借助 Multisim 软件实现电路的仿真分析。Multisim 是美国国家仪器(NI)有限公司推出的以 Windows 为基础的仿真工具,适用于板级的模拟/数字电路板的设计工作。它包含了电路原理图的图形输入和电路硬件描述语言输入方式,具有丰富的仿真分析能力。详情参见附录。

思一思

在图 1-4 所示的简单手电筒电路中,若手电筒由两节 2 V 的干电池供电,电源内阻及电路负载电阻为 10 Ω,开关 S 控制照明灯 X 的通断。手电筒电路可利用 Multisim 对电路进行设计仿真,如图 1-7 所示。

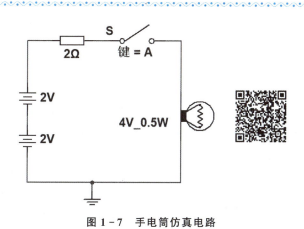

图 1-7 手电筒仿真电路

1.2 电路的基本物理量

概要导览

电流、电压和功率是电路分析中常用的物理变量。本任务是从工程应用的角度重新理解电流、电压和功率的概念,不仅研究量的大小还要考虑量的方向。

1.2.1 电流及参考方向

1. 电流(current)界定

电荷在电场力作用下的定向移动形成电流。其定义为:单位时间内通过导体横

截面的电荷量,用公式表示为

$$i = \frac{dq}{dt} \tag{1-1}$$

式中,i 表示随时间变化的电流,dq 表示在 dt 时间内通过导体横截面的电荷量。

在国际制单位中,电荷量的单位为库仑(C);时间的单位为秒(s);电流的单位为安培,简称安(A)。在国际单位制中,数值大小的变化可以利用"词头＋单位"的形式表示,词头见表 1-2。比如,实际应用中,大电流用千安培(kA)表示,小电流用毫安培(mA)或微安培(μA)表示。它们的换算关系如下:

$$1 \text{ kA} = 10^3 \text{ A} = 10^6 \text{ mA} = 10^9 \text{ μA}$$

电流可分为直流电流、交流电流。

表 1-2 国际单位制词头

词头	符号	读法	词头	符号	读法
10^{-12}	p	皮	10^3	k	千
10^{-9}	n	纳	10^6	M	兆
10^{-6}	μ	微	10^9	G	吉
10^{-3}	m	毫			

① 交流电流(alternating current):大小和方向都随时间变化的电流,简称交流,简记为 AC;如日常生活用电就是 220 V 的交流电。

② 直流电流(direct current):方向不随时间变化的电流,简称直流,简记为 DC,如干电池、蓄电池等。

交流电流通常用 i 或者 $i(t)$ 表示,而直流电流则用 I 表示,有

$$I = \frac{Q}{t} \tag{1-2}$$

在外电场的作用下,正电荷将沿着电场方向运动,而负电荷将逆着电场方向运动(金属导体内自由电子在电场力的作用下定向移动形成电流)。习惯上规定:正电荷运动的方向为电流的正方向。

2. 电流的参考方向

电路分析,通常需要通过列方程来完成定量计算,这就需要对电流约定一个方向。对于简单电路,电流从电源正极流出,经过负载,回到电源负极;对于复杂电路,电流的实际方向一般难以判断;此外,对于交流电路,电流的方向随时间改变,无法用一个固定的方向表示,因此引入电流的"参考方向"。

参考方向可以任意设定,参考方向的表示通常有两种方法:双下标表示法和箭标表示法,如图 1-8 所示。

由于正电荷运动的方向定义为电流的实际方向,因而,当电流的实际方向与参考

(a) 双下标表示　　　　　　　(b) 箭标表示

图 1-8　电流参考方向的表示

方向一致时,电流的数值就为正值($i>0$),如图 1-9(a)所示;当电流的实际方向与参考方向相反时,电流的数值就为负值($i<0$),如图 1-9(b)所示。

需要注意的是,未规定电流的参考方向时,电流的正负没有任何意义,如图 1-9(c)所示。

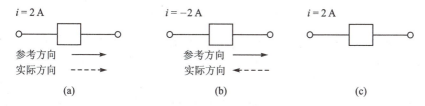

图 1-9　电流的方向与正负

1.2.2　电压、电位与电动势

1. 电压(voltage)

从能量的观点来说,电场力将单位正电荷沿外电路中的一点推向另一点所做的功称为电压。

如图 1-10 所示的闭合回路,在电场力的作用下,正电荷要从电源正极 a 经过导线和负载流向负极 b(实际上是带负电的电子由负极 b 经负载流向正极 a),形成电流,而电场力就对电荷做了功。

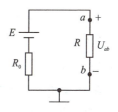

图 1-10　电压界定示意图

电场力把单位正电荷从 a 点经外电路(电源以外的电路)移送到 b 点所做的功,称为 a、b 两点之间的电压,记为 U_{ab}。因此,电压是衡量电场力做功本领大小的物理量。

若电场力将正电荷 $\mathrm{d}q$ 从 a 点经外电路移送到 b 点所做的功是 $\mathrm{d}w$,则 a、b 两点间的电压为

$$U_{ab}=\frac{\mathrm{d}w}{\mathrm{d}q} \tag{1-3}$$

在国际制单位中,能量的单位为焦耳,简称焦(J);电压的单位为伏特,简称伏(V)。实际应用中,强电压用千伏(kV)表示,弱电压用毫伏(mV)或者用微伏(μV)表示。它们的换算关系如下:

$$1\ \mathrm{kV}=10^3\ \mathrm{V}=10^6\ \mathrm{mV}=10^9\ \mu\mathrm{V}$$

电压的方向规定为从高电位指向低电位,在电路图中可用箭头来表示。

在电路分析中,规定电压的实际方向从高电位指向低电位。由于任意两点间的电压难以事先准确判定,为了方便,与电流一样,引入电压参考方向的概念。

电压参考方向有三种表示方法:图1-11(a)所示为双极性表示法,用正、负号表示高、低电位;图1-11(b)所示为双下标表示法,是用下角标表示电压指向;图1-11(c)所示为箭标表示法,是用箭头表示压降的方向。

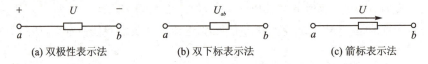

(a) 双极性表示法　　　　(b) 双下标表示法　　　　(c) 箭标表示法

图 1-11　电压参考方向的表示

以双下标标记为例,电压的参考方向意味着从前一个下标指向后一个下标。图 1-12(a)所示元件两端电压记作 U_{ab};图 1-12(b)所示元件两端电压记为 U_{ba}。二者大小相等,符号相反,即 $U_{ab}=-U_{ba}$。

参考方向选定后,若计算出的电压值为正($U_{ab}>0$),则实际方向与参考方向相同;若计算出的电压值为负($U_{ba}<0$),则实际方向与参考方向相反。

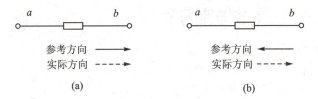

(a)　　　　　　　　　　(b)

图 1-12　电压的方向与正负

 小提示——关联参考方向

电流与电压的参考方向均是任意假定的,二者彼此独立、相互无关。但为了方便,习惯上总是把某段电路电压参考方向和电流的参考方向选得一致,这就是关联参考方向;若二者方向不一致,则为非关联参考方向,如图 1-13 所示。

为简单明了,一般情况下,只需要标出电压或电流中某一个的参考方向,就意味着另一个是与之相关联的参考方向。

(a) 关联参考方向　　　　　　(b) 非关联参考方向

图 1-13　电压、电流参考方向

2. 电位与电动势

(1) 电位(potential)

电路中,某点相对于参考点的电压即是该点的电位,电位的单位也是伏特(V)。

电位的参考点可以任意选取,通常规定参考点电位为零,并用符号"⊥"表示参考零电位。在生产实践中,把地球作为零电位点,凡是机壳接地的设备(接地符号是"⊥"),机壳电位即为零电位。有些设备或装置,机壳并不接地,而是把许多元件的公共点作为零电位点,用符号"⊥"表示。

图 1-14 中有 V_a、V_b、V_c 三个点电位。电位的高低是相对的,与参考点相关。参考点电压为零,则 $V_b=0$。电路中规定凡是比参考点电位高的各点电位是正电位,比参考点电位低的各点电位是负电位,则 $V_a=5$ V,$V_c=-5$ V 是合理的。

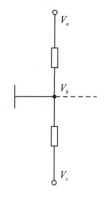

图 1-14 电位示意图

小提示——电压与电位的关系
两点间的电压等于两点间电位之差。

$$U_{ab}=V_a-V_b$$
$$U_{ac}=V_a-V_c$$
$$U_{bc}=V_b-V_c$$

(2) 电动势(electromotive force)

电动势是反映电源把其他形式的能转换成电能能力大小的物理量,类似于水泵供水的原理(见图 1-15),干电池能为电路提供持续电流,就在于电源内部的电动势。因而,电动势也表示电源里将单位正电荷从电源的负极移到正极所做的功。

如图 1-16 所示,在电路中,电动势常用 E 表示,单位是伏(V)。在电源内部,电动势的实际方向规定为由低电位("-"极性)端指向高电位("+"极性)端,即是电位升高的方向。

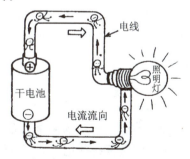

图 1-15 干电池电动势示意图

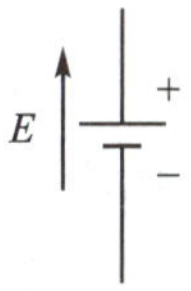

图 1-16 电动势的表示与方向

思一思

图 1-17 中以一个电路表示电压、电位、电动势的区别,请思考:
1. 电压、电位、电动势的单位均为伏(V),为什么?
2. 电压、电位、电动势三者的区别与联系是什么?

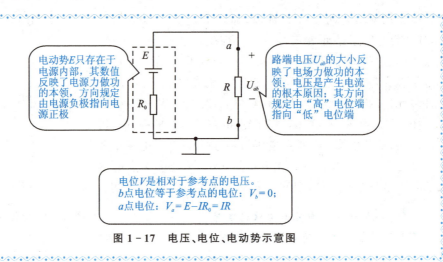

图 1-17 电压、电位、电动势示意图

1.2.3 电能与电功率

1. 电能(electrical work)

电路在一段时间内消耗或提供的能量称为电能。电流通过电流元件时,电场力要做功。例如,电流通过照明灯时,电能转换为光能;电流通过电风扇时,风扇电动机转动起来,电能转化为机械能。电流做功的过程,实际上就是电能转化为其他形式的能量的过程。

电能与电流、电压和通电时间成正比。设在 dt 时间内,有正电荷 dq 从元件的高电位端移到低电位端,若元件两端的电压为 u,则电场力移动电荷所做的功为

$$d\omega = u\,dq = ui\,dt \qquad (1-4)$$

根据式(1-4)可知,电路元件在 t_0 到 t 时间内消耗或提供的能量为

$$W = \int_{t_0}^{t} ui\,dt \qquad (1-5a)$$

直流时

$$W = UI(t - t_0) \qquad (1-5b)$$

在国际单位制中,电能的单位是焦耳(J)。1 J 等于 1 W 的用电设备在 1 s 内消耗的电能。通常电业部门用"度"作为单位测量用户消耗的电能,"度"是千瓦·时(kW·h)的简称。1度(或1千瓦·时)等于功率为 1 kW 的元件在 1 h 内消耗的电能,即

$$1\text{度} = 1\text{ kW}\cdot\text{h} = 10^3\text{ W} \times 3\,600\text{ s} = 3.6 \times 10^6\text{ J}$$

电场力做正功,元件消耗电能,即将电能转化为其他形式的能量;电场力做负功,元件提供电能,即将其他形式的能量转化成电能。元件是消耗能量或是提供能量,要依据电压与电流的实际方向而定。因而,当电压与电流取关联参考方向时,通过计算,有以下两种情况:

若 $W>0$,说明 U、I 的方向一致,元件消耗电能;
若 $W<0$,说明 U、I 的方向相反,元件提供电能。

2. 电功率(electric power)

在相同的时间内,电流通过不同元件所做的功一般并不相同,为了表示元件消耗或者提供电能的快慢,引入电功率这一物理量。电流通过电路时传输或转换电能的速率,即单位时间内电场力所做的功,称为电功率,简称功率。

电功率用 p 表示,可用数学公式描述为

$$p = \frac{dw}{dt} = \frac{dw}{dq} \times \frac{dq}{dt} = ui$$

直流时

$$P = UI \tag{1-6}$$

可见,元件吸收或发出的功率等于元件上的电压乘以元件上的电流。

国际单位制中,功率的单位是瓦特(W),规定元件 1 s 内提供或消耗 1 J 能量时的功率为 1 W。常用的功率单位还有千瓦(kW)和毫瓦(mW),即

$$1 \text{ kW} = 1\ 000 \text{ W}$$
$$1 \text{ W} = 1\ 000 \text{ mW}$$

根据参考方向与关联的概念,电功率的计算可以表示为以下两种形式:
当 u、i 为关联参考方向时:

$$p = ui$$

直流功率:

$$P = UI$$

当 u、i 为非关联参考方向时:

$$p = -ui$$

直流功率:

$$P = -UI$$

可知,无论关联与否,
若 $P(p)>0$,则该元件是在吸收功率,即消耗功率,该元件是负载;
若 $P(p)<0$,则该元件是在发出功率,即产生功率,该元件是电源。

根据能量守恒定律,对一个完整的电路,发出功率的总和应正好等于吸收功率的总和。

【例 1-1】 试求图 1-18 中元件的功率。

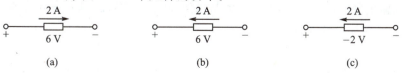

图 1-18 例 1-1 图

解: 图 1-18(a)中,电压、电流为关联参考方向,即
$$P = UI = 6\text{ V} \times 2\text{ A} = 12\text{ W}$$
$P>0$,元件消耗电能,元件为负载。

图 1-18(b)中,电压、电流为非关联参考方向,即
$$P = -UI = -6\text{ V} \times 2\text{ A} = -12\text{ W}$$
$P<0$,元件提供电能,元件为电源。

图 1-18(c)中,电压、电流为非关联参考方向,即
$$P = -UI = -(-2\text{ V}) \times 2\text{ A} = 4\text{ W}$$
$P>0$,元件消耗电能,元件为负载。

【例 1-2】 如果电子显像管中电子束每秒射出 10^{15} 个电子,要加速该电子束达到 6.4 W 的功率,则激励电压应为多少?

解: 已知一个电子的负电荷量为 $e = 1.6 \times 10^{-19}$ C,则电流为
$$i = \frac{\mathrm{d}q}{\mathrm{d}t} = 1.6 \times 10^{-19} \times 10^{15}\text{ A} = 1.6 \times 10^{-4}\text{ A}$$

因此,激励电压为 $u = \dfrac{p}{i} = \dfrac{6.4}{1.6 \times 10^{-4}}$ V $= 40\ 000$ V。

1.3 常用的电路元件

概要导览

识别电路元件 ── 电阻 ── 消耗电能的元件(伏安关系 $u_R = R i_R$)
　　　　　　 ── 电感 ── 产生磁场,储存磁场能量的元件(伏安关系 $u_L = L i_L'$)
　　　　　　 ── 电容 ── 产生电场,储存电场能量的元件(伏安关系 $i_C = c u_C'$)

电路元件是组成电路最基本的单元,按能量特性分有无源元件和有源元件两种。有源元件在电路中对外提供能量,无源元件则消耗功率。

本节主要介绍电路中常用的基本模型元件,主要讨论线性电阻、电感、电容元件的特性。

1.3.1 电阻

电流通过导体时会受到一种阻碍作用,这种阻碍作用最明显的特征是导体要消耗电能而发热。我们把物体对电流的阻碍作用称为电阻(resistor),用符号 R 表示。电阻是电路中最简单、最常用的二端电路元件,其电路符号如图 1-19(a) 所示。

1. 欧姆定律及伏安特性

(1) 欧姆定律(Ohm's Law)

欧姆定律是电学中的基本定律之一,在电压、电流取关联参考方向时,任何时刻电阻两端的电压和电流都满足欧姆定律,即

$$u = Ri \tag{1-7}$$

若电压、电流在非关联参考方向下,则欧姆定律应写成:$u = -Ri$。

如果电流单位为安(A),电压单位为伏(V),则电阻单位是欧姆(Ω)。此外电阻的单位还有千欧(kΩ)、兆欧(MΩ)。

(2) 伏安特性(Voltage-Current Characteristic)

一个实际电阻器件的特性,通常可以用 $u-i$ 平面上的一条曲线来确定,这种特性曲线称为电子元件的伏安特性曲线。

如果电子元件的电压电流关系(Voltage-Current Relationship, VCR)在任何时候都是通过 $u-i$ 平面原点的一条直线(见图 1-19(b)),则该电阻称为线性时不变电阻。凡是服从欧姆定律的元件即是线性电阻元件。

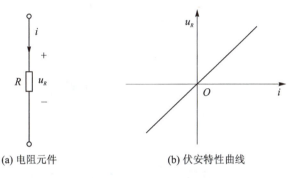

图 1-19 电阻元件及其伏安特性曲线

电阻的倒数称为电导,用符号 G 来表示,即

$$G = \frac{1}{R} \tag{1-8}$$

电导的单位是西门子(S),或 1/欧姆($Ω^{-1}$)。

2. 电子元件的吸收功率

电阻是一种耗能元件。当电阻通过电流时会使电能转换为热能。而热能向周围扩散后,不可能再直接回到电源而转换为电能。

在直流电路中,电阻所吸收并消耗的电功率为

$$P = UI = I^2 R = \frac{U^2}{R} \tag{1-9}$$

在时间 t 内,电阻电路消耗或发出的电能为

$$W = Pt = UIt \tag{1-10}$$

【例 1-3】 有一个标称值为"220 V、60 W"的电灯,接在 220 V 的电源上,试求通过电灯的电流和电灯在 220 V 电压下工作时的电阻。如果每晚工作 3 h,问一个月(30 天)消耗的电能是多少?

解:通过电灯的电流和工作电阻分别为

$$I = \frac{P}{U} = \frac{60 \text{ W}}{220 \text{ V}} = 0.273 \text{ A}$$

$$R = \frac{U}{I} = \frac{220}{0.273} \text{ A} = 806 \text{ }\Omega$$

一个月消耗的电能为

$$W = Pt = 60 \text{ W} \times (3 \times 30) \text{ h} = 0.06 \text{ kW} \times 90 \text{ h} = 5.4 \text{ kW} \cdot \text{h}$$

3．实际电阻器

(1) 电阻器类别

工程电路中有各种不同类型的电阻器，包括碳膜电阻器、金属膜电阻器、线绕电阻器、集成电阻器等。图1－20所示为实际电阻器的一些类型。

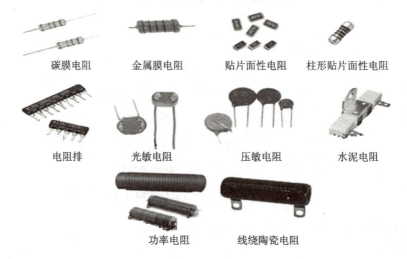

图1－20 实际电阻器

(2) 色标电阻器

实际使用的电阻器以色标电阻器为主，色标电阻器是用不同颜色的色带在电阻器表面标出标称阻值和允许误差。

普通电阻器用四条色带，靠近端头最近的第1条及第2条色带表示标称阻值的第1位和第2位有效数字，第3条色带表示标称阻值的倍率(10的整数次幂)，第4条色带表示允许误差。

精密电阻器有5条色带，第1、2、3条色带表示标称阻值的3位有效数字，第4条色带表示标称阻值的倍率，第5条色带表示允许误差。

电阻器色带标志含义见表1－3。

【例1－4】 设有一额定功率1 W，阻值为10 kΩ的金属膜电阻，问工作在额定条件下的电流和电压各是多少？

解：由已知条件解得电流为

$$I = \sqrt{\frac{P}{R}} = \sqrt{\frac{1}{10^4}} \text{ A} = 0.01 \text{ A}$$

电压为

$$U = RI = 10^4 \text{ Ω} \times 0.01 \text{ A} = 100 \text{ V}$$

表 1-3 电阻器色带标志含义

颜 色	数 值	乘 数	误 差	颜 色	数 值	乘 数	误 差
黑	0	10^0	—	蓝	6	10^6	±0.2%
棕	1	10^1	±1%	紫	7	10^7	±0.1%
红	2	10^2	±2%	灰	8	—	—
橙	3	10^3	—	白	9	—	—
黄	4	10^4	—	金		10^{-1}	±5%
绿	5	10^5	±0.5%	银		10^{-2}	±10%

【例 1-5】 试求图 1-21 所示电路的未知量,$R = 10$ Ω。

图 1-21 例 1-5 图

解:在图 1-21(a)中,电压和电流为关联参考方向,所以

$$I = \frac{U}{R} = \frac{10 \text{ V}}{10 \text{ Ω}} = 1 \text{ A}$$

在图 1-21(b)中,电压和电流为非关联参考方向,所以

$$U = -IR = -2 \text{ A} \times 10 \text{ Ω} = -20 \text{ V}$$

小拓展

电流热效应

热效应是指电流通过电阻,令电阻发热的现象。电能转化为热能。

热效应应用于各种加热器,如电炉、电烙铁;钨丝灯利用热效应使灯丝达到高温而发光。

热效应的弊端在于通电导线会由于电流的热效应而温度升高,温度过高又会加速绝缘材料的老化变质(如橡胶硬化、绝缘纸烧焦等),从而引起漏电,严重时甚至会烧毁电气设备。

电器额定值

额定值是保证电气设备安全运行所规定的使用限额。实际使用中,若元件电流过大,会由于温度升高使元件的绝缘材料损坏,甚至使导体熔化;若电压过大,会使元件绝缘击穿,所以必须加以限制。额定值一般包括额定功率、额定电压、额定电流。

通常各种电器设备的额定值都标明在产品上,如:照明灯、电烙铁等通常给出其额定电压和额定功率(如 220 V、40 W);固定电阻器除阻值外,还会给出额定功率(如 1 W、1/2 W、1/4 W、1/8 W 等)。

1.3.2 电　感

1. 电感元件

电感元件是理想化的电路元件。把金属导体绕在一骨架上,就构成了一个实际的电感器,如图 1-22 所示。

如果线圈接通电流,线圈周围就建立了磁场,并储存了磁场能量。若忽略电感器的导线电阻,电感器就称为理想化的电感元件,简称电感(inductor),用符号 L 来表示,电路符号如图 1-23 所示。

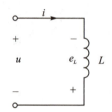

图 1-22　实际电感元件　　　　图 1-23　电感的电路符号

电感能够存储和释放磁场能量。空芯电感线圈常可抽象为线性电感。

$$u_L = -e_L = L\frac{\mathrm{d}i}{\mathrm{d}t}$$

上式表明,电感元件上任一瞬间的电压大小,与这一瞬间电流对时间的变化率成正比。电感 L 是元件本身的一个固有参数,其大小取决于线圈的几何形状、匝数及其之间的磁介质。如果 L 是一个常数,则称其为线性电感元件,否则称为非线性电感元件。

本书讨论的电感元件均为线性电感元件。

当电流和时间的单位分别取安(A)和秒(s)时,电感的单位就是亨(H)。常用的单位还有毫亨(mH)和微亨(μH)。

2. 电感的伏安特性

电感元件的电压和电流取关联参考方向时,其伏安关系为

$$u_L = L\frac{\mathrm{d}i}{\mathrm{d}t} \tag{1-11}$$

由式(1-11)可知：

1) 电感元件上任一时刻的电压与该时刻电感电流的变化率成正比,而与该时刻电流值的大小无关,电流变化越快$\left(\dfrac{\mathrm{d}i}{\mathrm{d}t}\right)$,电压$u$也越大,即使某时刻$i=0$,也可能有电压。

2) 对于直流电,电流不随时间变化,则$u=0$,电感相当于短路,所以电感元件具有"通直"的作用。

3) 如果某一时刻电感电压为有限值,则$\dfrac{\mathrm{d}i}{\mathrm{d}t}$为有限值,电感上的电流不能发生跃变。

3. 电感元件的储能

在关联参考方向下,任一时刻,电感元件吸收的瞬时功率为

$$p = ui = Li\dfrac{\mathrm{d}i}{\mathrm{d}t} \tag{1-12}$$

则电感线圈在$0 \sim t$时间内,线圈中的电流由0变化到I时,吸收的能量为

$$W = \int_0^t p\,\mathrm{d}t = \int_0^I Li\,\mathrm{d}i = \dfrac{1}{2}LI^2 \tag{1-13}$$

即电感元件在一段时间内储存的能量与其电流的平方成正比。当通过电感的电流增加时,电感元件就将电能转换为磁能并储存在磁场中;当通过电感的电流减小时,电感元件就将储存的磁能转换为电能释放给电源。

综上,电感是一种储能元件,它以磁场能量的形式储能,同时电感元件也不会释放出多于它吸收或储存的能量,因此它也是一个无源的储能元件。

1.3.3 电　容

电容(capacitor)元件是实际的电容器即电路器件的电容效应的抽象,用于反映带电导体周围存在电场,能够储存和释放电场能量的理想化的电路元件。电容器是电器设备中的一种重要元件,电容种类很多(见图1-24),但从结构上都可看成是由中间夹有绝缘材料的两块金属极板构成的。

1. 电容及其充放电

如果将电容器的两极板与直流电压源接通,由于介质不导电,因此电容器的两个极板将分别聚集起等量异种电荷,这个过程称为充电。电容器一个极板上所带电量的绝对值,即电容器所带电量。将充电后的电容器从电源上拆下,电荷仍然保持在极板上,极板之间的电场能量也将继续存在。所以电容器是一种能够储存电荷的实际电路元件。

如果用一根导线将充电后的电容器两极接通,两极上的电荷互相中和,电容器不再带电,两极间不再存在电场,这个过程叫电容器的放电。

实际电容器在使用时会有少量的漏电流和损耗,如果忽略不计,只考虑电容器具

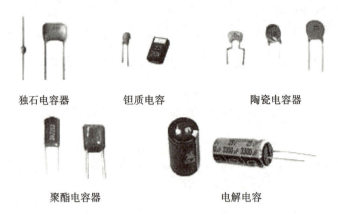

图 1-24 实际电容器

有电场能量的特性,就可抽象出理想电路元件——电容元件,其电路符号及规定的电压和电流参考方向如图 1-25 所示。

电容器带电时,它的两极间产生电压,通常把电容两极上储存的电荷 q 与电容两端的电压 u 的比值称为电容元件的电容量(简称电容),用符号 C 表示,即

$$C = \frac{q}{u} \qquad (1-14)$$

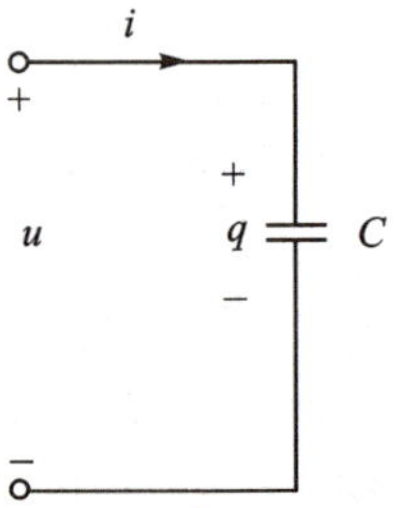

图 1-25 电容的电路符号

电容 C 是元件本身的一个固有参数,其大小取决于极板间的相对面积、距离以及中间的介质材料。如果 C 是一个常数,则称其为线性电感元件,否则称为非线性电感元件。

本书讨论的电感元件均为线性电容元件。

当电压和电荷的单位分别取伏特(V)和库仑(C)时,电容的单位就是法拉(F)。常用的单位还有微法(μF)和皮法(pF)。

2. 电容的伏安特性

当电容接交流电压 u 时,电容器不断被充电、放电,极板上的电荷也随之变化,电路中出现了电荷的移动,形成电流 i。若 u、i 为关联参考方向,则有

$$i = \frac{dq}{dt} = C\frac{du}{dt} \qquad (1-15)$$

式(1-15)即为电容元件的伏安特性。$i>0$,表示电容充电,电压升高,电流的实际方向与参考方向一致;$i<0$,表示电容在放电,电压降低,电流的实际方向和参考方向不一致。

由式(1-15)可知,电容器的电流与电压对时间的变化率成正比。如果电容器两端加直流电压,因电压的大小不变,即 $du/dt=0$,那么电容器的电流就为零,所以电容元件对直流可视为断路,因此电容具有"隔直通交"的作用。

3. 电容的储能

在关联参考方向下,任一时刻电容元件吸收的瞬时功率为

$$p = ui = uC\frac{\mathrm{d}u}{\mathrm{d}t} = Cu\frac{\mathrm{d}u}{\mathrm{d}t} \tag{1-16}$$

可见,电容上电压、电流的实际方向可能相同,也可能不同,因此瞬时功率可正可负。当 $p>0$ 时,表明电容实际为吸收功率,即电容充电;当 $p<0$ 时,表明电容实际为发出功率,即电容放电。

电容器在 $0 \sim t$ 时间内,其两端电压由 0 增大到 U 时,吸收的能量为

$$W = \int_0^t p\,\mathrm{d}t = \int_0^U Cu\,\mathrm{d}u = \frac{1}{2}CU^2 \tag{1-17}$$

式(1-17)表明,电容在某一时刻 t 的储能仅取决于该时刻的电压,而与电流无关,且储能 $W \geq 0$。电容在充电时吸收的能量全部转换为电场能量,放电时又将储存的电场能量释放回电路,它本身不消耗能量,同时也不会放出多于它吸收或储存的能量,因此电容元件也是一种无源的储能元件。

1.4 独立电源

概要导览

电源是一种将其他形式的能量转换成电能的装置或设备。任何一个实际电路在工作时都必须由电源提供能量,实际中使用的电源种类繁多,如干电池、蓄电池、光电池、交直流发电机、电子线路中的信号源等。通常,将电源中能够独立地向外电路提供电能的电源,称为独立电源;不能向外电路提供电能的电源称为非独立电源,又称为受控源。

电路中常遇到两类独立电源:一类电源如电池、稳压电源等,当负载在一定范围变化时,其输出电流随负载的变化而变化,但电源两端的电压保持为规定值,这类电源常称为电压源(voltage source);另一类电源,如光电池等,当负载在一定范围内变化时,其端电压随负载的变化而变化,但电源的输出电流保持为恒定值,这类电源常称为电流源(current source)。电压源与电流源均有理想与实际之分。

1.4.1 理想电压源

电压源是实际电压的一种理想元件,若电源产生的电压是大小和方向都不随时间变化的,则称为直流(Direct Current,DC)电源;若电源产生的是大小或方向均变化的交流(Alternate Current,AC)电压,则称为交流电源。图 1-26 所示为电压源的符号和波形示意图。

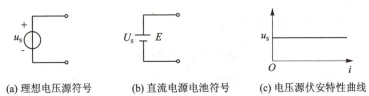

(a) 理想电压源符号　　(b) 直流电源电池符号　　(c) 电压源伏安特性曲线

图 1-26　电压源符号与波形示意图

由伏安特性曲线可知,电压源不接外电路时,电流 $i=0$,此情况称为"电压源处于开路";如果一个电压源的电压 $u_S=0$,则此电压源的伏安特性曲线为 $i-u$ 平面上的电流轴,相当于电压源短路。<u>电压源短路无意义,因为短路时端电压 $u_S=0$,这与电压源的特性不相容</u>。

 小提示——电压源特性

1) 电压源两端的电压仅由自身决定,与外电路无关;
2) 通过电压源的电流大小由外电路决定;
3) 电压源不接外电路,电流零值,相当于电压源开路;
4) 若 $u_S=0$,则相当于电压源短路,不允许出现此种情况。

【计算与仿真】电压源串联示例与仿真

在手电筒中,常将两个干电池一起使用,这就是多个理想电压源串联运用,那么电压源串联后的总电压该如何计算?

【例 1-6】　设计 3 个电压源串联的仿真电路,电压值如表 1-4 所列,做两次测量,填入 u_n 值,分析多个电压源串联后的电压值。

表 1-4　电压源串联测量

测量次数	u/V			
	u_{n1}	u_{n2}	u_{n3}	u_n
第一次测量	10	9	6	u_1
第二次测量	5	-3	-6	u_2

解：根据题目要求,设计仿真电路,并实现两次测量,如图 1-27 所示。
由图 1-27(a)可知,电压表 u_1 与电压源 u_{11}、u_{12}、u_{13} 为关联参考方向,则
$$u_1 = u_{11} + u_{12} + u_{13} = 10\text{ V} + 9\text{ V} + 6\text{ V} = 25\text{ V}$$

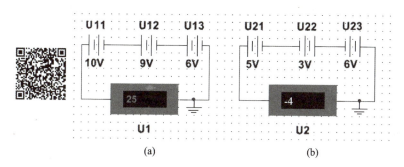

图 1-27 电压源串联仿真

由图 1-27(b)可知,电压表 u_1 与电压源 u_{21} 为关联参考方向,与 u_{22}、u_{23} 为非关联参考方向,则

$$u_2 = u_{21} + u_{22} + u_{23} = 5\text{ V} - 3\text{ V} - 6\text{ V} = -4\text{ V}$$

由此可知,多个电压源串联,总电压等效为各电压源大小之和。

提示:对于电压源串联而言,需要取极性与参考方向一致的(关联参考方向)电压源为"＋",不一致的(非关联参考方向)电压源"－"。

1.4.2 理想电流源

理想电流源也是实际电源的一种抽象。它提供的电流总能保持恒定值或时间函数值,而与它两端所加的电压无关,也称为恒流源。图 1-28(a)所示为理想电流源的一般电路符号。理想电流源的伏安特性(见图 1-28(b))可写为

$$i = i_S(t)$$

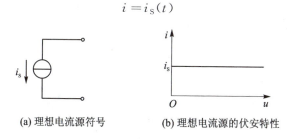

(a) 理想电流源符号　　　　(b) 理想电流源的伏安特性

图 1-28 实际电流源模型及其外部特征

由伏安特性曲线可知,电流源两端短路时,其端电压 $u=0$,$i=i_s$,短路电流即激励电流;如果一个电流源的电压 $i_S=0$,则此电流源的伏安特性曲线为 u-i 平面上的电压轴,相当于电流源开路。电流源开路无意义,因为开路时电流 $i=0$,这与电流源的特性不相容。

1) 电流源的输出电流仅由自身决定,与外电路无关;
2) 电流源两端的电压由外电路决定;

3) 电流源两端短路时，$i=i_s$，端电压零值；

4) 若 $i_s=0$，则相当于电流源开路，不允许出现此种情况。

【例 1-7】 分析图 1-29 中，电压源与电流源的功率，并证明其遵循能量守恒。

解：对 30 V 的电压源，电压与电流实际方向关联，则有

$P_{U_S}=(30\times2)$ W $=60$ W（恒压源吸收功率）

对 2 A 的电流源，电压与电流实际方向非关联，则有

$P_{I_S}=-(30\times2)$ W $=-60$ W（恒流源释放功率）

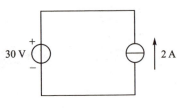

图 1-29 例 1-7 图

可知，在电路中，发出功率与吸收功率的总和相等，遵循能量守恒定律。

【计算与仿真】电流源并联示例与仿真

【例 1-8】 本例研究多个电流源并联的情况，设计 2 个电流源并联的仿真电路，电流值如表 1-5 所列，做两次测量，填入 I_n 值，分析多个电流源并联后的总电流值的大小。

表 1-5 电流源并联测量

测量次数	I/mA		
	I_{n1}	I_{n2}	I_n
第一次测量	20	30	I_1
第二次测量	15	-5	I_2

解：依题目要求，设计仿真电路，第一次测量如图 1-30(a)所示，第二次测量如图 1-30(b)所示。

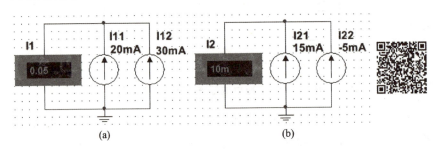

图 1-30 电流源并联仿真

由图可知：$I_1=I_{11}+I_{12}=20$ mA$+30$ mA$=50$ mA$=0.05$ A

同理有： $I_2=I_{21}+I_{22}=15$ mA$+(-5)$ mA$=10$ mA

由仿真可知，<u>多个电流源并联，总电流等效为各电流源大小之和</u>。

提示：Multisim 仿真时，电流表的连接必须考虑"+"进"-"出的原则。

> **思一思**
> 1. 理想电压源是否可以并联？
> 2. 理想电流源是否可以串联？

1.4.3 受控电源

如电压源、电流源这类具有自身独立性的理想电源称为独立电源。在电路理论中还会遇到另一类电源元件，如晶体管、运算放大器、集成电路等，虽不能独立地为电路提供能量，但在其他信号的控制下仍然可以提供一定的电压或电流，这类元件可以用受控电源模型来模拟。

受控电源(controlled source)的电压或电流受电路中某一支路的电压或电流控制。当其输出电压或电流，与控制它们的电压或电流之间有正比关系时，称为线性受控源。受控电源是一个二端口元件，由一对输入端钮施加控制量，称为输入端口；一对输出端钮对外提供电压或电流，称为输出端口。

按照受控变量的不同，受控电源可分为 4 类：电压控制的电压源（VCVS）、电压控制的电流源（VCCS）、电流控制的电压源（CCVS）和电流控制的电流源（CCCS）。

为区别于独立电源，用菱形符号表示其电源部分，用 u、i 表示控制电压、控制电流，则四种电源的电路符号如表 1-6 所列。

表 1-6 中，μ、γ、g、β 分别表示有关的控制系数，且均为常数，其中 μ、β 是没有量纲的纯数，γ 具有电阻量纲，g 具有电导量纲。

受控电压源输出的电压及受控电流源输出的电流，在控制系数、控制电压和控制电流不变的情况下，都是恒定的或是时间的函数。

表 1-6 理想受控电源模型

受控电源	电路符号	特性方程 （线性时不变的）	备 注
电流控制电流源(CCCS)		$u_1 = 0$ $i_2 = \alpha i_1$	与独立电流源相同，电压 u_2 由外部电路决定
电压控制电流源(VCCS)		$i_1 = 0$ $i_2 = g u_1$	

续表 1-6

受控电源	电路符号	特性方程 （线性时不变的）	备注
电流控制电压源(CCVS)		$u_1=0$ $u_2=ri_1$	与独立电压源相同，电流 i_2 由外部电路决定
电压控制电压源(VCVS)		$i_1=0$ $u_2=\mu u_1$	

> 小提示——受控电源类型的判定

受控电源类型的判定依据是其符号形式，而非其控制量。

图 1-31 所示受控电源电路中，由符号形式可知，电路中的受控电源为电流控制电压源，大小为 $10I$，其单位为伏特而非安培。

【例 1-9】 图 1-32 所示电路中，$I=5$ A，求各个元件的功率，并判断电路中的功率是否平衡。

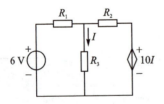

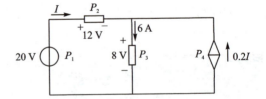

图 1-31 受控电源电路　　　　图 1-32 例 1-9 电路

解： 根据公式 $P=UI$，有

发出功率　　　　$P_1=-20\text{ V}\times 5\text{ A}=-100\text{ W}$
消耗功率　　　　$P_2=12\text{ V}\times 5\text{ A}=60\text{ W}$
消耗功率　　　　$P_3=8\text{ V}\times 6\text{ A}=48\text{ W}$
发出功率　　　　$P_4=-8\text{ V}\times 0.2I=8\text{ V}\times 0.2\times 5\text{ A}=-8\text{ W}$

由此可知：$P_1+P_4+P_2+P_3=0$，电路中功率平衡。

1.5　基尔霍夫定律

概要导览

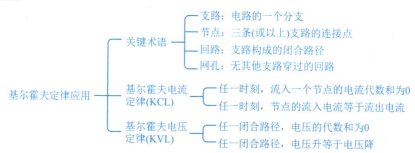

在电路分析中,其计算依据来源于两类约束:一类是元件的特性对其电压和电流造成的约束,可称为元件约束,取决于元件的性质,由元件的电流电压关系(VCR)来描述;另一类是元件的相互连接给支路电流和电压带来的约束,可称为拓扑约束,取决于电路的互联形式,由基尔霍夫定律来体现。

基尔霍夫定律是 1847 年由德国物理学家基尔霍夫(G. R. Kirchhoff)提出的。基尔霍夫定律描述了电路中各电流及各电压的约束关系,包括基尔霍夫电流定律(Kirchhoff's Current Law,KCL)和基尔霍夫电压定律(Kirchhoff's Voltage Law, KVL)。

基尔霍夫电流定律、基尔霍夫电压定律和欧姆定律统称为电路的三大基本定律。

1.5.1　常用电路术语

为方便理解基尔霍夫定律,需要掌握电路中一些常用术语。

1) 支路(branch):任意两个节点之间无分叉的分支电路称为支路,如图 1-33 中的 $bafe$ 支路,be 支路,$bcde$ 支路。

2) 节点(node):电路中,三条或三条以上支路的汇交点称为节点,如图 1-33 中的 b 点,e 点。

3) 回路(loop):电路中由若干条支路构成的任一闭合路径称为回路,如图 1-33 中的 $abefa$ 回路,$bcdeb$ 回路,$abcdefa$ 回路。

4) 网孔(mesh):不包含任何支路的单孔回路称为网孔。如图 1-33 中 $abefa$ 回路和 $bcdeb$ 回路都是网孔,而 $abcdefa$ 回路不是网孔。网孔一定是回路,而回路不一定是网孔。

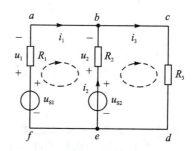

图 1-33　支路、节点、回路和网孔

在图 1-33 中,共有 5 个二端元件,分析图中的支路数、节点数、回路数和网孔数。

由图可知：
1) 支路数 $b=3$，包括 $bafe$ 支路，be 支路，$bcde$ 支路；
2) 节点数 $n=2$，包括 b 点，e 点；
3) 回路数 $l=3$，包括 $abefa$ 回路，$bcdeb$ 回路，$abcdefa$ 回路；
4) 网孔数 $m=2$，包括 $abefa$ 回路，$bcdeb$ 回路。而 $abcdefa$ 回路不是网孔。可见，网孔一定是回路，而回路不一定是网孔。

1.5.2 基尔霍夫电流定律

基尔霍夫电流定律(KCL)又称基尔霍夫第一定律，是用来确定连接在同一节点上的各支路电流之间的约束关系的电路定律。表述为：对于任何电路中的任意节点，在任意时刻，流过该节点的电流之和恒等于零。其数学表达式为

$$\sum i = 0 \qquad (1-18)$$

注意：列 KCL 方程时，电流参考方向的一般规定如下：流出节点的支路电流为正，流入节点的支路电流为负，如图 1-33 的 b 节点，有

$$-i_1 - i_2 + i_3 = 0$$

将上式变换得

$$i_1 + i_2 = i_3$$

综上，基尔霍夫电流定律还可以表述为：对于电路中的任意节点，在任意时刻，流入该节点的电流总和等于从该节点流出的电流总和，即

$$\sum i_I = \sum i_o \qquad (1-19)$$

KCL 不仅适用于电路中的任一节点，也可推广应用于广义节点，即包围部分电路的任一闭合面。由图 1-34 可以证明流入或流出任一闭合面的电流的代数和为 0。

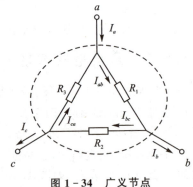

图 1-34　广义节点

图 1-34 中，对于虚线所包围的闭合面，可以证明有如下关系：

$$I_a - I_b - I_c = 0$$

小总结——基尔霍夫电流定律

KCL 是电路中连接到任一节点的各支路电流必须遵守的约束，而与各支路上的元件性质无关。这一定律对于任何电路都普遍适用。

KCL 的实质是电荷守恒定律的体现，即到达任何节点的电荷既不可能增生，也不可能消灭，电流必须连续流动。

【计算与仿真】基尔霍夫电流定律示例与仿真

【例 1 - 10】 已知电路如图 1 - 35 所示,试由电路中已知支路电流求出其他未知电流,并仿真其结果。

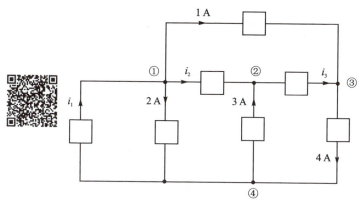

图 1 - 35　例 1 - 10 图

(1) 例题求解

解:列 KCL 方程:

节点③　$-i_3-1+4=0$　　　解得 $i_3=3$ A

节点②　$-i_2-3+i_3=0$　　　代入 i_3,解得 $i_2=0$ A

节点①　$-i_1+i_2+2+1=0$　　代入 i_2,解得 $i_1=3$ A

(2) 例题仿真

将图 1 - 35 所示方框中的二端元件用电阻代替,仿真电路及测试结果如图 1 - 36 所示。

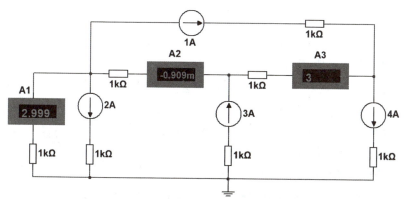

图 1 - 36　例 1 - 10 仿真图

由图可知三条支路的对应电流为

$$i_1=2.999 \text{ A}, \quad i_2=-0.909 \text{ mA} \approx 0 \text{ A}, \quad i_3=3 \text{ A}$$

即基尔霍夫电流定律理论计算结果与仿真结果一致。

提示:由于仿真电路中的电流表和电压表均有内阻,因此仿真结果与理论计算结果存在一定误差,但这个误差范围非常小,且在允许的范围之内,以后章节中仿真电路的类似误差,原因与此相同。

练一练
1. 改变图中电流源方向,仿真结果如何变化?
2. 改变图中电阻阻值大小,仿真结果有无变化?

1.5.3 基尔霍夫电压定律

基尔霍夫电压定律(KVL)是反映电路中各支路电压之间关系的定律。表述为:对于任何电路中的任一回路,在任一时刻,沿着一定的循行方向(顺时针方向或逆时针方向)绕行一周,各段电压的代数和恒为零。其数学表达式为

$$\sum u = 0 \qquad (1-20)$$

图 1-33 所示闭合回路中,沿 $abefa$ 顺序绕行一周,则有

$$-u_{S1} + u_1 - u_2 + u_{S2} = 0 \qquad (1-21)$$

式中,u_{S1} 之前之所以加负号,是因为按规定的循行方向,由电源负极到正极,属于电位升;u_2 的参考方向与 i_2 相同,与循行方向相反,所以也是电位升。u_1 和 u_{S2} 与循行方向相同,是电位降。当然,各电压本身还存在数值的正负问题,这是需要注意的。

由于 $u_1 = R_1 i_1$ 和 $u_2 = R_2 i_2$,代入式(1-21),有

$$-u_{S1} + R_1 i_1 - R_2 i_2 + u_{S2} = 0$$

或

$$R_1 i_1 - R_2 i_2 = u_{S1} - u_{S2}$$

基于此,基尔霍夫电压定律可表述为:对于电路中任一回路,在任一时刻,沿着一定的循行方向(顺时针方向或逆时针方向)绕行一周,电阻元件上电压降之和恒等于电源电压升之和。其表达式为

$$\sum Ri = \sum u_S \qquad (1-22)$$

列 KVL 方程的具体方法如下:

1) 标注电路各段电流、电压或电动势的参考方向(一般约定电阻的电流方向和电压方向一致);

2) 标注回路循行的参考方向(逆时针或者顺时针);

3) 应用 $\sum u = 0$ 列平衡方程时,项前符号的确定:当循行方向与电压规定方向一致时,电压取"+",否则取"−"。

KVL 不仅适用于闭合电路,也可推广到开口电路。

图 1-37 中,有

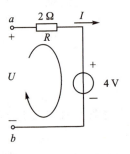

图 1-37 开口电路

项目1 电路初探

$$\sum Ri = \sum u_S = 2\Omega \cdot I + 4 \text{ V} = U$$

或

$$\sum u = 0 - U + 2I + 4 \text{ V} = 0$$

小总结——基尔霍夫电压定律

KVL 反映了任一回路中各元件的电压关系,而与各元件性质无关。不管是电源还是电阻、电感和电容,无论线性电路还是非线性电路,只要电路结构确定,该定律均适用。

KVL 的实质是能量守恒原理的体现,即在任何回路中,电压的代数和为零,实际上是从某一点出发回到该点时,电位的升高等于电位的降低。

【计算与仿真】基尔霍夫电压定律示例与仿真

【例 1-11】 如图 1-38 所示电路,已知 $u_1 = u_3 = 1$ V,$u_2 = 4$ V,$u_4 = u_5 = 2$ V,求 u_x,并仿真其结果。

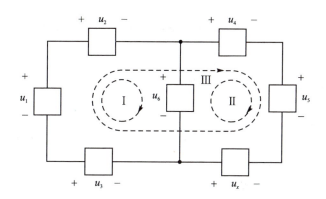

图 1-38 例 1-11 图

(1)例题求解

解:依据图中支路参考方向和回路循行方向,对回路列方程如下:

$$-u_1 + u_2 + u_6 - u_3 = 0$$
$$-u_6 + u_4 + u_5 - u_x = 0$$

以上方程相加,得

$$u_x = -u_1 + u_2 - u_3 + u_4 + u_5 = 6 \text{ V}$$

(2)例题仿真

图 1-38 的仿真电路如图 1-39 所示。

由图 1-39 可知,$u_x = 5.964$ V ≈ 6 V,即基尔霍夫电压定律理论计算结果与仿真结果一致。

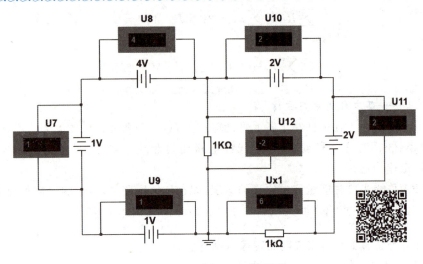

图 1-39　例 1-11 仿真图

练一练

观察图 1-39 所示仿真电路中电阻设置规律,改变电阻阻值大小,仿真结果如何变化?

【**例 1-12**】 电路如图 1-40 所示,求各电压源的电流,电流源的电压及各电源提供的功率。其中,$U_{S1}=15$ V,$U_{S2}=2$ V,$I_{S2}=8$ A,$I_{S3}=5$ A。

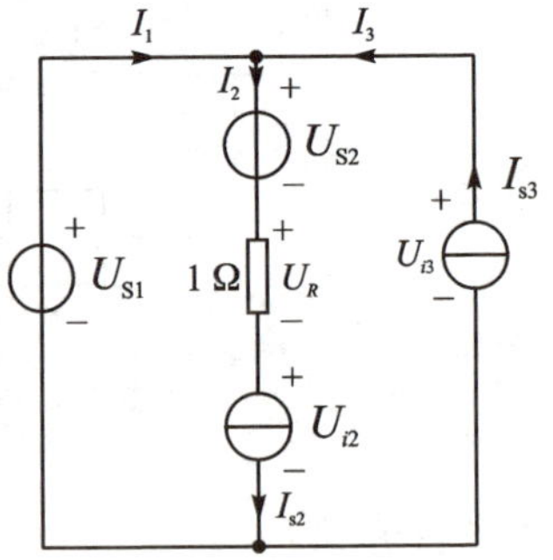

解:设各元件电压和电流的参考方向如图 1-41 所示,根据电流源特性,有

$$I_2 = I_{S2} = 8 \text{ A}$$
$$I_3 = I_{S3} = 5 \text{ A}$$
$$I_1 = I_2 - I_3 = 3 \text{ A}$$
$$U_{i3} = U_{S1} = 15 \text{ V}$$
$$U_{i2} = U_{S1} - U_{S2} - U_R = 5 \text{ V}$$

图 1-40　例 1-12 图

各电源所能提供的功率如下:

$$P_{U_{S1}} = -U_{S1}I_1 = 15 \text{ V} \times 3 \text{ A} = -45 \text{ W}$$
$$P_{U_{S2}} = U_{S2}I_2 = 2 \text{ V} \times 8 \text{ A} = 16 \text{ W}$$
$$P_{i_2} = U_{i2}I_2 = 5 \text{ V} \times 8 \text{ A} = 40 \text{ W}$$
$$P_{i_3} = -U_{i3}I_3 = -15 \text{ V} \times 5 \text{ A} = -75 \text{ W}$$

由此可见:不论是电压源还是电流源,在电路中可以作为电源向电路提供能量($P<0$),也可以作为负载吸收能量($P>0$)。

思一思:KVL、KCL 的独立方程个数

对于电路,如果有 b 条支路、n 个节点,则有

独立 KCL 方程数:$n-1$

独立 KVL 方程数:$b-n+1$

1. 在图 1-41 中以节点 a 和节点 b 列 KCL 方程,观察方程,验证独立方程的个数。

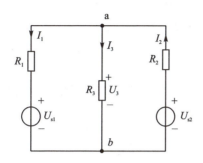

图 1-41 KCL 独立方程

2. 列出图 1-42 所示电路中所有的 KCL 方程和 KVL 方程,并验证方程的独立性,归纳独立方程个数的规律。

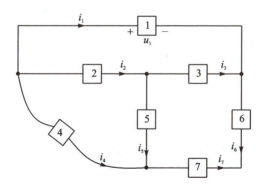

图 1-42 KVL、KCL 独立方程

习 题

1-1 求图 1-43 中 a 点的电位。

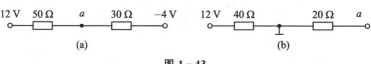

图 1-43

1-2 电路如图 1-44 所示,求开关 S 断开和闭合时 A、B 两点的电位 U_A、U_B。

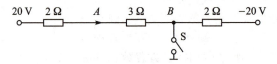

图 1-44

1-3 在图 1-45 所示电路中,元件 A 吸收功率 30 W,元件 B 吸收功率 15 W,元件 C 产生功率 30 W,分别求出三个元件中的电流 I。

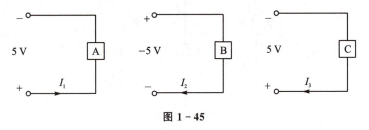

图 1-45

1-4 图 1-46 所示为一个 3 A 的理想电流源与不同的外电路相接,求 3 A 电流源三种情况下所提供的功率。

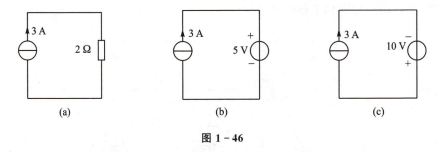

图 1-46

1-5 图 1-47 所示为某电路的部分电路,各已知的电流及元件值已标在图中,求 I、U_s、R,并仿真电路验证结果。

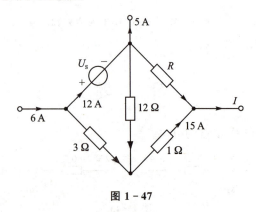

图 1-47

1-6　如图 1-48 所示电路，求各元件的功率，并仿真电路验证结果。

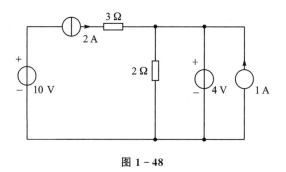

图 1-48

【仿真设计】验证基尔霍夫定律

1. 实训目的

① 学习使用 Multisim 软件,学习组建简单的直流电路并使用仿真测量仪表测量电压、电流。

② 通过仿真结果验证基尔霍夫电流定律和基尔霍夫电压定律的正确性。

③ 加深对 KCL、KVL 的理解和应用。

2. 实训原理

① 基尔霍夫电流定律。

② 基尔霍夫电压定律。

3. 实训电路

自行设计三回路三节点或以上的电路,每条支路均放置电流指示器和电压指示器。绘制电路图。

4. 实训内容

① 按图接线,记录各支路电流值和电压值,并列表填入。

② 按表计算节点的电流代数和,以及回路的电压代数和。

③ 通过结论验证基尔霍夫定理的准确性。

5. 实训分析

① 总结实训结论。

② 对实训过程中的错误进行分析。

项目 2　电阻电路的等效变换与仿真

知识贵在基础,复杂源于简单。电阻电路是指由电源和线性电阻构成的电路,在实际电路中,电路的结构形式多种多样。本项目探讨将电阻电路复杂连接化繁为简的基本方法,就是以"电路外部电压电流关系(VCR)相同,电路等效"为基础,实现电阻电路的等效变换,培养问题处理的全局意识和科学素养。

☞知识目标:
① 熟练掌握电阻元件的串联、并联、混联原理及其等效变换;
② 熟悉电路的△-Y变换;
③ 掌握输入电阻的求解方法;
④ 掌握实际电源等效变换的原理。

☞能力目标:
① 能熟练进行串联、并联、混联电路的定量分析;
② 能利用△-Y变换原理,化简复杂的电路;
③ 能顺利求解电阻与受控源组成的网络输入电阻;
④ 能根据分析需求,完成电压源、电流源的正确转换;
⑤ 会用 Multisim 对本章重点内容进行仿真测试。

2.1　电阻的串联、并联和混联

概要导览

分析电路联接
- 电阻串联
  - 多个电阻元件顺序连接,各电阻连接处再无分支
  - 串联电路不分流,各电阻上电流相同
- 电阻并联
  - 多个电阻元件都接到电路的一对节点上
  - 并联电路不分压,各电阻上电压相同
- 电路混联
  - 电阻串联和并联的组合
  - 先判断串并联结构,再化简电路

在实际电路中,电路的结构形式是多种多样的,作为构成电路的基本元件——电阻的连接形式也是多样的,其中最简单、最常用的就是串联和并联。

2.1.1　电阻的串联及分压

电阻元件的串联:将多个电阻元件顺序连接,各电阻连接处再无分支的电路称为

串联。串联电路不分流,各电阻的电流相同。

如图 2-1(a)所示电路,由 KVL 得
$$u = u_1 + u_2 + \cdots + u_n = R_1 i + R_2 i + \cdots + R_n i = (R_1 + R_2 + \cdots + R_n)i$$

令
$$R = R_1 + R_2 + \cdots + R_n = \sum_{k=1}^{n} R_k$$

则
$$u = Ri$$

根据上式可以构造一个相应的电路,如图 2-1(b)所示,因为两者外部电压电流关系(VCR)相同,所以图(a)和图(b)是等效的。

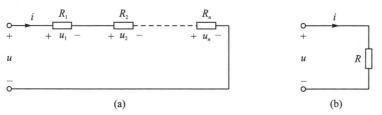

图 2-1 线性电阻元件的串联

由以上等效可以得出:

(1) 电阻串联的重要性质

① 等效电阻:$R = R_1 + R_2 + \cdots + R_n$;

② 分压关系:$\dfrac{U_1}{R_1} = \dfrac{U_2}{R_2} = \cdots = \dfrac{U_n}{R_n} = \dfrac{U}{R} = I$。

特例:两个电阻 R_1、R_2 串联时,

等效电阻
$$R = R_1 + R_2 \tag{2-1}$$

分压公式
$$u_1 = \frac{R_1}{R_1 + R_2} u, \quad u_2 = \frac{R_2}{R_1 + R_2} u \tag{2-2}$$

(2) 电阻串联的应用

① 用几个电阻串联以获得较大的电阻;

② 几个电阻串联构成分压器,使同一电源能供给几种不同的电压;

③ 扩大电压表的量程;

④ 限制和调节电路中电流的大小;

⑤ 当负载的额定电压低于电源电压时,可用串联电阻的方法将负载接入电源。

【应用示例】表头改装成双量程电压表

磁电系直流电压表(表头)是分压公式的典型应用。表头量程很小,所以可用电阻与表头串联的方法改变量程。

【例 2-1】 如图 2-2 所示,有一个表头 G,满偏电流为 $I_0 = 1 \text{ mA}$,内阻 $R_g =$

$100\ \Omega$,将它改装为有 5 V 和 50 V 两种量程的电压表,求 R_1、R_2 的阻值各为多大?

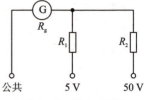

解: 当公共端与 5 V 端接入被测电路时,量程为 $U_1=5$ V;当公共端与 50 V 端接入被测电路时,量程为 $U_2=50$ V。

由串联电路的电压分配关系可知

$$R_1 = \frac{U_1}{I_0} - R_g = \left(\frac{5}{1\times 10^{-3}} - 100\right)\Omega = 4\ 900\ \Omega = 4.9\ \text{k}\Omega$$

$$R_2 = \frac{U_2}{I_0} - R_g = \left(\frac{50}{1\times 10^{-3}} - 100\right)\Omega = 49\ 000\ \Omega = 49.9\ \text{k}\Omega$$

图 2-2 例 2-1 图

【计算与仿真】电阻串联等效示例及仿真

[例 2-2] 图 2-3 所示为电阻串联的简单电路,其中电源电压 $u=12$ V,$R_1=400\ \Omega$,$R_2=200\ \Omega$,求各电阻的电压。

(1)例题求解

电路的总电阻为

$$R_{eq} = R_1 + R_2 = 400\ \Omega + 200\ \Omega = 600\ \Omega$$

回路电流为

图 2-3 例 2-2 图

$$i = \frac{u}{R_{eq}} = \frac{12\ \text{V}}{600\ \Omega} = 0.02\ \text{A} = 20\ \text{mA}$$

电阻 R_1 的电压为 $u_1 = iR_1 = 0.02\ \text{A} \times 400\ \Omega = 8\ \text{V}$。

电阻 R_2 的电压为 $u_2 = iR_2 = 0.02\ \text{A} \times 200\ \Omega = 4\ \text{V}$。

(2)例题仿真

对图 2-3 进行仿真设计,如图 2-4 所示。

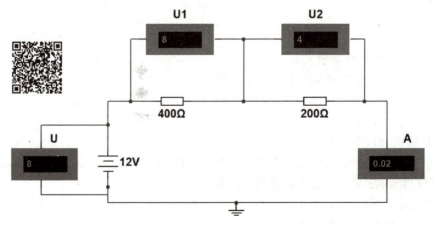

图 2-4 例 2-2 仿真图

由图 2-4 所示的仿真结果可知,题解正确。

2.1.2 电阻的并联及分流

电阻元件的并联:多个电阻元件都接到一对节点上的电路称为并联。并联电路不分压,各电阻上的电压相同。

如图 2-5(a)所示电路,由 KCL 得

$$i = i_1 + i_2 + \cdots + i_n = \frac{u}{R_1} + \frac{u}{R_2} + \cdots + \frac{u}{R_n} = u\left(\frac{1}{R_1} + \frac{1}{R_2} + \cdots + \frac{1}{R_n}\right)$$

令

$$\frac{1}{R} = \frac{1}{R_1} + \frac{1}{R_2} + \cdots + \frac{1}{R_n}$$

用等效电导表示为

$$G = G_1 + G_2 + \cdots + G_n = \sum_{k=1}^{n} G_k$$

则

$$i = \frac{u}{R} = Gu$$

根据上式构造相应电路,如图 2-5(b)所示,由于两者外部电压电流关系(VCR)相同,因此图(a)和图(b)是等效的。

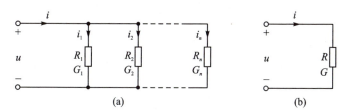

图 2-5 线性电阻元件的并联

由以上等效可知:
(1) 电阻并联的重要性质

① 等效电阻: $\frac{1}{R_1} + \frac{1}{R_2} + \cdots + \frac{1}{R_n} = \frac{1}{R}$;

② 分流关系: $i_1 R_1 = i_2 R_2 = \cdots = i_n R_n = iR = u$。

特例:两个电阻 R_1、R_2 并联时,等效电阻为

$$\frac{1}{R} = \frac{1}{R_1} + \frac{1}{R_2} = \frac{R_1 R_2}{R_1 + R_2} \tag{2-3}$$

分流公式

$$I_1 = \frac{R_2}{R_1 + R_2} I, \quad I_2 = \frac{R_1}{R_1 + R_2} I \tag{2-4}$$

（2）电阻并联电路的主要应用

① 将大电阻并成小电阻；

② 额定电压相同的负载并联使用时不致互相影响；

③ 分流以扩大电流表量程等。

【应用示例】电流表的量程扩展

磁电系直流电流表（表头）是分流公式的典型应用。表头量程很小，通常用电阻与表头并联的方法来扩展量程。

【例 2-3】 图 2-6 所示电路中有一只电流表，最大量程 $I_a=100~\mu A$，内阻 $r_a=1~k\Omega$，若将它改装成最大量程为 $1~100~\mu A$ 的电流表，问应并联多大的电阻？

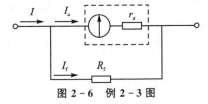

图 2-6　例 2-3 图

解： 设分流电阻为 R_f，R_f 通过的电流为 I_f，则

$$I_f = I - I_a = (1~100 - 100)~\mu A = 1~000~\mu A = 10^{-5}~A$$

因 $I_f R_f = I_a r_a$，故

$$R_f = \frac{I_a r_a}{I_f} = \frac{100~\mu A \times 1~k\Omega}{1~000~\mu A} = \frac{1~k\Omega}{10} = 100~\Omega$$

由上面的计算可知

$$R_f = \frac{I_a r_a}{I_f} = \frac{r_a}{\frac{I_f}{I_a}} = \frac{r_a}{\frac{I-I_a}{I_a}} = \frac{r_a}{n-1} \tag{2-5}$$

式中，R_f——电流电阻；

r_a——电流表内阻；

n——电流表量程扩大倍数，$n = \dfrac{I}{I_a}$；

I_a——改装前电表的额定电流；

I——改装后电表可测量的电流。

【计算与仿真】电阻并联等效示例及仿真

【例 2-4】 图 2-7 所示为电阻并联的简单电路。其中，电源电压 $u=10~V$，$R_1=400~\Omega$，$R_2=100~\Omega$，$R_3=20~\Omega$，求支路电流和各电阻上的电压。

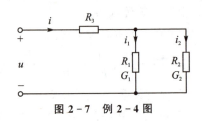

图 2-7　例 2-4 图

（1）例题求解

图 2-7 所示电路为 R_1 与 R_2 并联之后的等效电阻与 R_3 串联，则并联电路的等效电阻为

$$R_{并} = \frac{1}{\dfrac{1}{R_1}+\dfrac{1}{R_2}} = 80~\Omega$$

电路总电阻

$$R_{总}=R_{并}+R_3=100\ \Omega$$

电路总电流

$$i=\frac{u}{R_{总}}=0.1\ \text{A}=100\ \text{mA}$$

R_3 两端的电压

$$u_{R_3}=i_{R_3}=2\ \text{V}$$

并联电阻两端的电压

$$u_{并}=u-u_{R_3}=8\ \text{V}$$

R_1 两端的电流

$$i_1=\frac{u_{并}}{R_1}=0.02\ \text{A}=20\ \text{mA}$$

R_2 两端的电流

$$i_2=\frac{u_{并}}{R_2}=0.08\ \text{A}=80\ \text{mA}$$

(2) 例题仿真

对图 2-7 进行仿真设计,如图 2-8 所示。

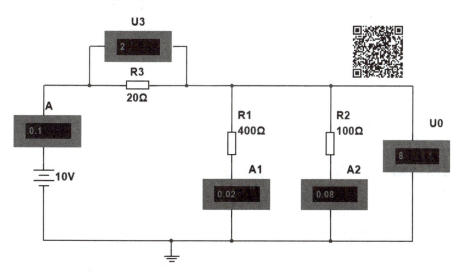

图 2-8　例 2-4 仿真电路图

由图 2-8 可知,仿真结果与计算结果相等。

2.1.3　电阻的混联及等效

"等效"是电路理论中非常重要的一个概念,等效可以将复杂电路简化分析。所谓两个结构和元件参数完全不同的电路"等效",是指外部电路的电压、电流完全相同,即对外端钮上的 VCR 关系完全相同。因此,将电路中的某一部分用另一种电路结构域元件参数代替后,不会影响原电路中未作变换的任何一条支路的电压和电流。

混联电路是指既有电阻串联又有电阻并联的连接电路。因此,混联电路的阻值计算应先分清各电阻的串并联关系,然后按电阻的串并联的等效电阻计算方法求电阻混联电路的等效电阻。

【例 2 – 5】 求图 2 – 9(a)所示电路的电阻 R_{AB}。已知 $R_1=4\ \Omega, R_2=3\ \Omega, R_3=4\ \Omega, R_4=1.2\ \Omega, R_5=2.4\ \Omega$。

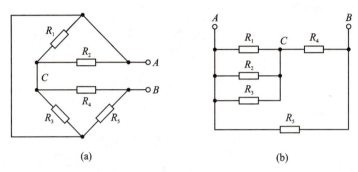

图 2 – 9 例 2 – 5 图

解:图 2 – 9(a)的等效电路如图 2 – 9(b)所示。由图可知

$$R_{1.2.3}=R_1 /\!/ R_2 /\!/ R_3 = \frac{R_1 R_2 R_3}{R_1 R_2 + R_2 R_3 + R_1 R_3}$$

$$= \frac{4\times 3\times 4}{4\times 3 + 3\times 4 + 4\times 4}\ \Omega = 1.2\ \Omega$$

$$R_{1.2.3.4} = R_{1.2.3} + R_4 = (1.2 + 1.2)\Omega = 2.4\ \Omega$$

$$R_{AB} = R_{1.2.3.4} /\!/ R_5 = \frac{R_{1.2.3.4} R_5}{R_{1.2.3.4} + R_5} = \left(\frac{2.4\times 2.4}{2.4 + 2.4}\right)\Omega = 1.2\ \Omega$$

【例 2 – 6】 图 2 – 10(a)所示电路中, $E=12\ V, R_1=8\ \Omega, R_2=3\ \Omega, R_3=6\ \Omega, R_4=10\ \Omega, r=1\ \Omega$,求电流 I。

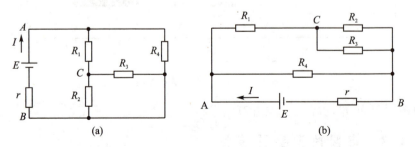

图 2 – 10 例 2 – 6 题

解:图 2 – 10(a)的等效电路见图 2 – 10(b),则

$$R_{AB}=(R_1+R_2/\!/R_3)/\!/R_4=(8+3/\!/6)/\!/10=5\ \Omega$$

$$I=\frac{E}{R_{AB}+r}=\frac{12}{5+1}\ \text{A}=2\ \text{A}$$

【应用实例】直流电桥

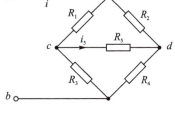

图 2-11 电桥电路

电阻混联的典型电路有直流电桥电路(见图 2-11),由 5 条支路组成,其中由 4 个线性电阻(R_1、R_2、R_3、R_4)构成电桥的 4 个桥臂。调节某个桥臂电阻,使 R_5 上电流为零,即 $i_5=0$ 时,必然有 $U_{cd}=0$,称此桥式电路为平衡电桥。

此时满足

$$U_{ac}=U_{ad},\quad U_{cb}=U_{db}$$

即

$$R_1I_1=R_2I_2,\quad R_3I_3=R_4I_4$$

又 $I_1=I_3$,$I_2=I_4$,从而可得电桥平衡条件为相对桥臂电阻乘积相等,即

$$R_1R_4=R_2R_3 \tag{2-6}$$

直流电桥常用于测量电阻,比如精密电阻测量的简单仪器是惠斯通直流电桥,将 R_5 用检流计 G 测量,当 $G=0$ 时电桥平衡,若 R_1 是被测电阻 R_x,则有

$$R_x=\frac{R_3}{R_4}R_2 \tag{2-7}$$

实际电桥中,比值 R_3/R_4 一般根据被测电阻的估值选择一定的比例。R_2 称为比较臂,通常选用精度较高的标准电阻。通过调节比较电阻 R_2,可使电桥平衡,从而可确定 R_x。用惠斯通电桥测量电阻的范围为 $1\ \Omega\sim 1\ \text{M}\Omega$,精度可达 $+0.1\%$。

思一思

1. 汽车散热风扇控制电路

汽车散热风扇速度的控制可通过多个电阻串联来实现。图 2-12 所示电路中 3 个电阻串联后,通过开关分三挡控制。试判定节点"1""2""3"各自代表高速、中速还是低速?

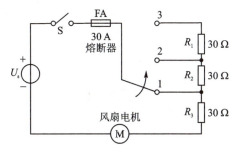

图 2-12 散热风扇控制电路

2. 日常电路设计

① 一个小灯泡的电阻是 8 Ω,正常工作时的电压是 3.6 V,要把灯接入 4.5 V 的电源上,需要怎么做才能使灯正常发光?

② 一个 LED 灯,允许通过的最大电流为 10 mA,应该怎样才能将此灯接入 5 V 电源的电路中使用?

2.2 △-Y 电阻网络的等效变换

概要导览

等效变换电阻网络 ── 三角形-星形电阻网络 ── 与Y电子相邻△电阻乘积/△电阻之和
　　　　　　　　　　 星形-三角形电阻网络 ── Y电阻两两乘积之和/△电阻的对面Y电阻

　　由线性电阻元件混联构成的网络,其最简等效电路为线性电阻。但是并非所有由线性电阻元件混联构成的网络都能通过串、并联化简为线性电阻。比如在电子设备、电力电子、传输电网等电路中,经常遇到△形和 Y 形连接的电路结构,如图 2-13 所示。

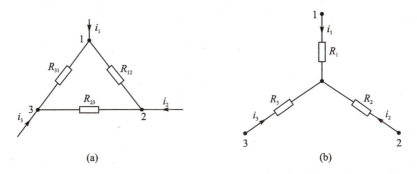

图 2-13 △形和 Y 形连接

　　本节介绍△-Y(三角形-星形)电阻网络互换的化简方法。两者的等效变换对于线性混联电路的分析非常有用。

　　依据前面等效的概念,分别求出这两种电路端钮处的电压-电流关系,让两者相同,即可获得△-Y 互换条件。

　　在图 2-13(a)所示的△形电路中,有

$$\begin{cases} i_1 = \dfrac{u_{12}}{R_{12}} - \dfrac{u_{31}}{R_{31}} \\ i_2 = \dfrac{u_{23}}{R_{23}} - \dfrac{u_{12}}{R_{12}} \end{cases}$$

且

$$i_1 + i_2 + i_3 = 0$$

求解得△形电路中的电压-电流关系:

$$\begin{cases} u_{12} = \dfrac{R_{12}R_{31}}{R_{12}+R_{23}+R_{31}}i_1 - \dfrac{R_{12}R_{23}}{R_{12}+R_{23}+R_{31}}i_2 \\ u_{23} = \dfrac{R_{12}R_{23}}{R_{12}+R_{23}+R_{31}}i_1 - \dfrac{R_{12}R_{31}}{R_{12}+R_{23}+R_{31}}i_2 \end{cases}$$

在图 2-15(b)所示的 Y 形电路中的电压-电流关系为

$$\begin{cases} u_{12} = R_1 i_1 - R_2 i_2 \\ u_{23} = R_2 i_2 - R_3 i_3 \end{cases}$$

且

$$u_{12} + u_{23} + u_{31} = 0$$

两种电路等效,则端钮处的电压-电流关系应相同。比较△形电路和 Y 形电路的电压-电流关系,可得△形电路等效变换成 Y 形电路的条件为

$$\left. \begin{aligned} R_1 &= \dfrac{R_{12}R_{31}}{R_{12}+R_{23}+R_{31}} \\ R_2 &= \dfrac{R_{12}R_{23}}{R_{12}+R_{23}+R_{31}} \quad (\triangle \to Y) \\ R_3 &= \dfrac{R_{23}R_{31}}{R_{12}+R_{23}+R_{31}} \end{aligned} \right\} \tag{2-8}$$

同理可得 Y 形电路等效变换成△形电路的条件为

$$\left. \begin{aligned} R_{12} &= \dfrac{R_1 R_2 + R_2 R_3 + R_3 R_1}{R_3} \\ R_{23} &= \dfrac{R_1 R_2 + R_2 R_3 + R_3 R_1}{R_1} \quad (Y \to \triangle) \\ R_{31} &= \dfrac{R_1 R_2 + R_2 R_3 + R_3 R_1}{R_2} \end{aligned} \right\} \tag{2-9}$$

为了便于记忆,可归纳如下:

△→Y:

$$Y \text{电阻} = \dfrac{\text{与 Y 电子相邻 △ 电阻乘积}}{\triangle \text{电阻之和}} \tag{2-10}$$

Y→△:

$$\triangle \text{电阻} = \dfrac{Y \text{电阻两两乘积之和}}{\triangle \text{电阻的对面 Y 电阻}} \tag{2-11}$$

【计算与仿真】△-Y 形变换示例与仿真

【例 2-7】 本例分析桥式电路的等效变换,如图 2-14(a)所示,其中 $R_1 = R_3 = 2\ \Omega, R_5 = 1\ \Omega, R_2 = 0.8\ \Omega, R_4 = 0.4\ \Omega$,求 ab 两端的等效电阻。

(1) 例题计算

如图 2-14(b)所示,△-Y 变换后,则

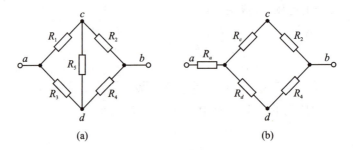

图 2-14 例 2-7 图

$$R_a = \frac{R_1 R_3}{R_1 + R_3 + R_5} = 0.8\ \Omega$$

$$R_c = \frac{R_1 R_5}{R_1 + R_3 + R_5} = 0.4\ \Omega$$

$$R_d = \frac{R_3 R_5}{R_1 + R_3 + R_5} = 0.4\ \Omega$$

$$R_{ab} = R_a + \frac{1}{\dfrac{1}{R_c + R_2} + \dfrac{1}{R_d + R_4}} = 1.28\ \Omega$$

(2) 例题仿真

为了测量准确,用电压表对每个电阻的电压进行了测量,并对△形连接的电阻电路每个端口的电流进行了测量,则图 2-14(a)、(b)所示电路的仿真结果如图 2-15(a)、(b)所示。

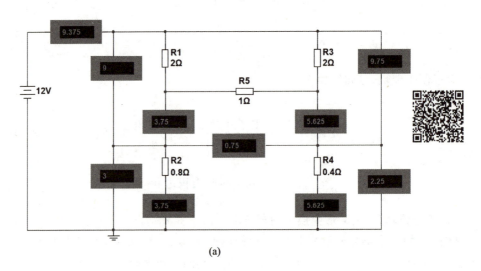

(a)

图 2-15 例 2-7 仿真电路图

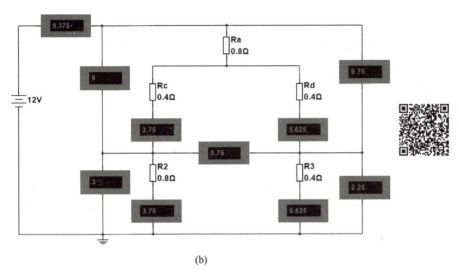

(b)

图 2-15 例 2-7 仿真电路图(续)

从仿真结果可知，△形连接的电阻电路等效变换为 Y 形连接的电阻电路的原理完全正确。

【例 2-8】 求图 2-16(a)所示电路的电流 I，并仿真验证其结果。

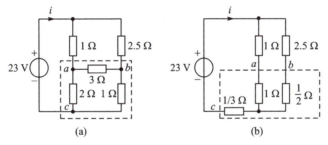

图 2-16 例 2-8 图

(1) 例题求解

依据△→Y 形变换公式，将图 2-16(a)中 3 Ω、2 Ω、1 Ω 所构成的△形电路按△-Y 形等效变换，变换后的电路如图 2-16(b)所示。所求电流 I 为

$$I = \left(\frac{23}{\frac{1}{3} + \frac{2 \times 3}{2+3}} \right) \text{A} = 15 \text{ A}$$

(2) 例题仿真

图 2-16(a)、(b)所示电路的仿真设计及结果如图 2-17(a)、(b)所示。由仿真图形可知，计算结果与仿真结果一致。

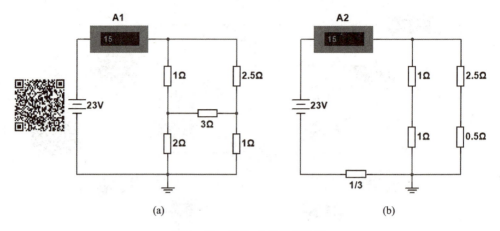

图 2-17 例 2-8 仿真电路图

2.3 实际电源的两种模型及等效

概要导览

同理想电源模型一样,实际电源也包括两种类型:实际电压源和实际电流源。而区别于理想电源的是,实际电源通常含有内阻。本节探讨两种电源模型的等效变换分析。

2.3.1 实际电源的两种模型

1. 实际电压源模型

一个实际直流电压源的端电压并不是恒定不变的,而是随着输出电流的增加而下降。实际直流电压源外部特性可用图 2-18(a)所示曲线描述。根据曲线的形状可用理想电压源和线性电阻元件串联的模型来等效,图 2-18(b)所示为该实际电源的电路模型,称为戴维南模型。模型特性方程为

$$u = U_s - R_s i \tag{2-12}$$

当实际电压源内阻 R_s 很小时,特性曲线趋于与 i 轴平行;当 $R_s=0$ 时,特性曲线与 i 轴平行,成为理想电压源。

2. 实际电流源模型

一个实际直流电流源,其电流并不是恒定不变的,而是随着端电压的增大而下

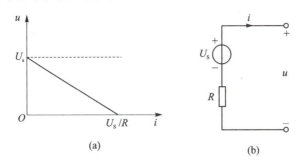

图 2-18 实际直流电压源的模型和外特性

降。实际直流电流源外部特性可用图 2-19(a)所示曲线描述,并用图 2-19(b)所示电路模型来等效,称为诺顿模型,其端口的特性方程为

$$i = I_S - G_p u \qquad (2-13)$$

当实际电流源内电导 G_p 很小时,特性曲线趋于与 u 轴平行;当 $G_p = 0$ 时,实际电流源成为独立电流源。

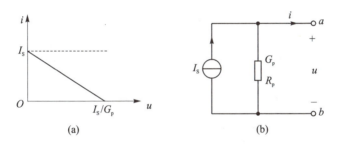

图 2-19 实际直流电流源的模型和外特性

2.3.2 实际电源的等效互换

图 2-20(a)所示的实际电压源与图 2-20(b)所示的实际电流源间存在等效互换关系。

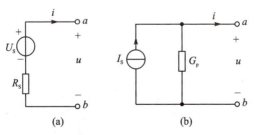

图 2-20 两种模型的互换等效

图 2-20(a)所示实际电压源端口电压-电流关系为

$$u = U_S - R_S i$$

图 2-20(b)所示实际电流源端口电压-电流关系为

$$u = R_p I_S - R_p i$$

欲使两种模型等效,则要求端口电压-电流关系相同,由此有

$$\begin{cases} I_S = \dfrac{U_S}{R_S}（电压源转换为电流源） \\ U_S = R_S I_S（电压源转换为电流源） \\ R_S 不变 \end{cases} \qquad (2-14)$$

 小提示——电源等效变换

1) 理想电源不能变换。
2) 注意参考方向。
3) 串联时变为电压源,并联时变为电流源。
4) 只对外等效,对内不等效。

【例 2-9】 如图 2-21 所示的电路,已知电源电动势 $E=6$ V,内阻 $r_0=0.2$ Ω,当接 $R=5.8$ Ω 负载时,分别用图 2-21(a)所示电压源模型和图 2-21(b)所示电流源模型计算负载消耗的功率和内阻消耗的功率。

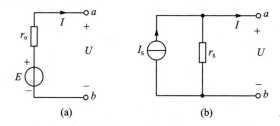

图 2-21 例 2-9 图

解:(1) 用电压源模型计算:

$$I = \dfrac{E}{r_0 + R} = \dfrac{6 \text{ V}}{(0.2 + 5.8) \Omega} = 1 \text{ A}$$

负载消耗的功率: $P_L = I^2 R = 5.8$ W, 内阻的功率: $P_r = I^2 r_0 = 0.2$ W。

(2) 用电流源模型计算:

电流源的电流: $I_S = E/r_0 = 30$ A, 内阻: $r_S = r_0 = 0.2$ Ω。

负载中的电流:

$$I = \dfrac{r_S I_S}{r_S + R} = \dfrac{0.2 \text{ Ω} \times 30 \text{ A}}{(0.2 + 5.8)\Omega} = 1 \text{ A}$$

负载消耗的功率: $P_L = I^2 R = 5.8$ W

内阻中的电流:

$$I_r = \dfrac{R I_S}{r_S + R} = 29 \text{ A}$$

内阻的功率：$P_r = I_r^2 r_0 = 168.2$ W。

可见，电流源模型和电压源模型的计算方法对负载是等效的，对电源内部是不等效的，即对外等效，对内不等效。

【例 2-10】 如图 2-22(a)所示的电路，已知 $E_1 = 12$ V，$E_2 = 6$ V，$R_1 = 3$ Ω，$R_2 = 6$ Ω，$R_3 = 10$ Ω，试应用电源等效变换法求电阻 R_3 中的电流。

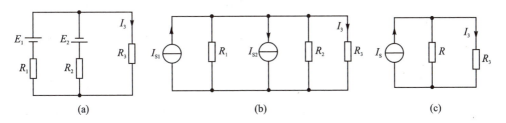

图 2-22 例 2-10 图

解：① 先将两个电压源等效变换成两个电流源，如图 2-22(b)所示，两个电流源的电流分别为

$$I_{S1} = E_1/R_1 = 4 \text{ A}, \quad I_{S2} = E_2/R_2 = 1 \text{ A}$$

② 将两个电流源合并为一个电流源，得到最简等效电路，如图 2-22(c)所示。等效电流源的电流为

$$I_S = I_{S1} - I_{S2} = 3 \text{ A}$$

其等效内阻为

$$R = R_1 // R_2 = 2 \text{ Ω}$$

③ 求出 R_3 中的电流为

$$I_3 = \frac{R}{R_3 + R} I_S = 0.5 \text{ A}$$

【计算与仿真】电源等效示例及仿真

【例 2-11】 如图 2-23(a)所示电路，求图示电阻的端电压。

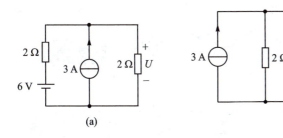

图 2-23 例 2-11 图

(1) 例题计算

分析：图 2-23(a)中既有电压源又有电流源，因此需要将电源形式统一。由电

源等效变换公式可将图 2-23(a)所示电路等效为图 2-23(b)所示电路。

电路总电阻：

$$R_{总} = \frac{2 \times 2}{2+2} \, \Omega = 1 \, \Omega$$

电路总电流：

$$I_{总} = 3 \text{ A} + 3 \text{ A} = 6 \text{ A}$$

电阻端电压：

$$U = 3 \text{ A} \times 1 \, \Omega = 3 \text{ V}$$

(2) 例题仿真

图 2-23(a)、(b)所示电路的仿真设计及结果如图 2-24(a)、(b)所示。

由两图可知，例 2-11 的解题结果完全正确，且验证实际电压源与实际电流源转换原理正确。

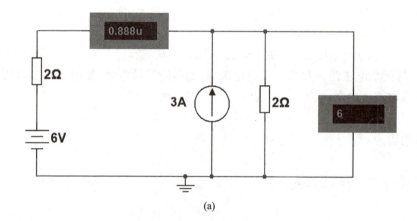

(a)

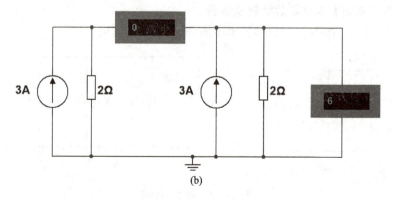

(b)

图 2-24 例 2-11 仿真电路图

※2.4 端口输入电阻

概要导览

如图 2-25(a)所示的电路,具有一个端口,这个端口可以连接其他的外部电路,且从上端口流入的电流与从下端口流出的电流相等。我们把这种能连接外部电路的称为一端口电路,或者称为二端电路。

对于任意一个不含独立电源的线性电阻性二端电路,如图 2-25(b)所示,若其端口电压 u 和电流 i 取关联参考方向,则输入电阻为

$$R_{\text{in}} = \frac{u}{i} \tag{2-15}$$

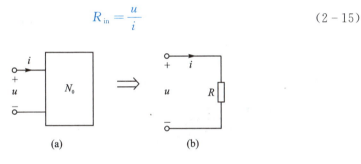

图 2-25 线性电阻性电路的输入电阻

输入电阻的确定方法如下:

1) 等效化简法。在纯电阻电路中,利用线性电阻的串联、并联以及 Y-△形等效变换逐步化简,最终将二端电路简化为一个电阻元件。

2) 外加独立电源法。在含受控源的电阻电路中,令端口存在独立电压(流)源 $u(i)$,然后求出在 $u(i)$ 作用下的 $i(u)$、u、i 之比即为输入电阻。

【计算与仿真】输入电阻示例及仿真

【例 2-12】 如图 2-26 所示电路,求二端电路的输入电阻。

(1) 例题计算

由 KCL、KVL 确定端口电流,有

$$i_2 = \frac{u}{4}$$

由 KCL 得

$$i_3 = i_1 + \frac{2}{3}i_1 = \frac{5}{3}i_1$$

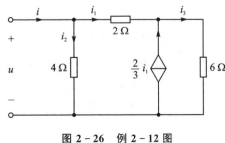

图 2-26 例 2-12 图

由 KVL 得

$$u = 2i_1 + 6i_3 = 12i_1$$

即

$$i_1 = \frac{u}{12}$$

由 KCL 得

$$i = i_1 + i_2 = \frac{u}{12} + \frac{u}{4} = \frac{1}{3}u$$

所以

$$\frac{u}{i} = 3 \ \Omega$$

可见,此电路输入电阻为常数,即:

一个不含独立源但含有受控源的线性二端电阻性电路,其端钮处电压与电流的比值是与端口电压或电流大小无关的常数,它取决于二端电路的结构和元件参数。

(2) 例题仿真

为了进行仿真验证,将电源电压设为 12 V,例 2 - 12 中电路的仿真设计及结果见图 2 - 27。

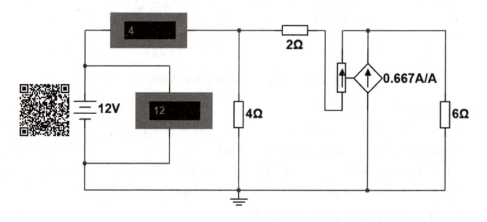

图 2 - 27　例 2 - 12 仿真电路图

由图 2 - 27 可知,计算结果与仿真结果一致。
思考:若改变电源电压,电压与电流的比值是否会改变?

 小提示——含独立电源网络的输入电阻等效

若网络中含有独立电源,如图 2 - 28(a)所示,则先电压源短路,电流源断路,再求等效电阻,其等效结果如图 2 - 28(b)所示。

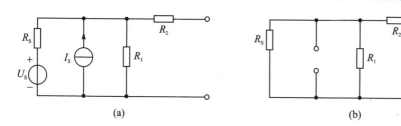

图 2-28 含独立电源网络的等效示例

习　题

2-1　如图 2-29 所示电路,已知 $I_1=3I_2$,求电路中的电阻 R。

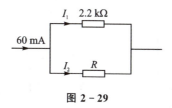

图 2-29

2-2　求图 2-30 所示各电路的电流 I。

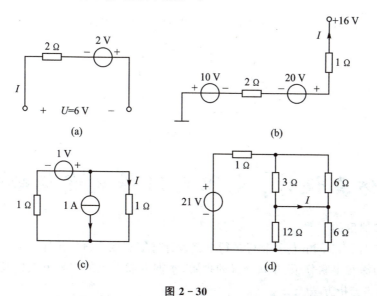

图 2-30

2-3　如图 2-31 所示电路,求电路中的电流 I_1,并仿真验证。

2-4　求图 2-32 所示电路中的电流 i,并仿真验证。

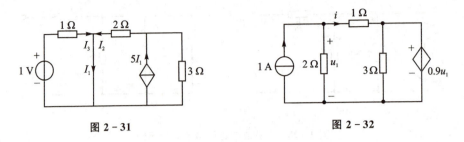

图 2-31　　　　　　　　图 2-32

2-5　求图 2-33 所示电路中电流表的读数(设电流表的内阻为零),并仿真验证。

2-6　用电源变换的方法求图 2-34 所示电路中的电流 I,并仿真验证。

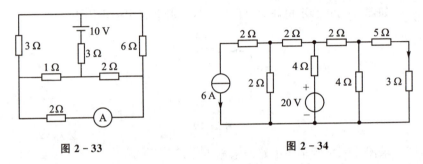

图 2-33　　　　　　　　图 2-34

2-7　计算图 2-35 所示电路的输入电阻,并仿真验证。

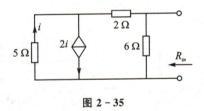

图 2-35

【仿真设计】电阻电路等效变换验证

1. 实训目的

① 借助 Multisim 仿真软件进行电路设计并能选取合适的元件。

② 加深对串联分压、并联分流的理解,掌握混联电阻的求解方法以及实际电源等效变换的分析方法。

③ 能进行理论计算,并通过仿真验证计算结果的正确性。

2. 实训原理

① 电阻串联分压、并联分流原理。

② 混联电阻△-Y 等效原理。

③ 实际电压源和实际电流源等效变换原理。

3．实训电路

自行设计一个带实际电压源(或实际电流源)的电路,△形或Y形复杂混联电阻电路,要求每条支路均放置电流指示器和电压指示器。绘制仿真电路图。

4．实训内容

① 记录各支路电流值和电压值,并列表填入,依据数据分析串联分压、并联分流原理。

② 理论分析△-Y等效变换原理,并绘制变换后的仿真电路图。

③ 对比分析。与△-Y变化前的电压、电流进行比较,验证△-Y等效原理的正确性。

④ 理论分析实际电源等效变换原理,并绘制变换后的仿真电路图。

⑤ 对比分析。与电源转换前的电压、电流进行比较,验证实际电源等效变换原理的正确性。

5．实训分析

① 总结实训结论。

② 对实训过程中的错误进行分析。

项目 3　电阻电路分析与仿真

理论意在寻求规律，方法旨在简化思路。本项目讨论包含多个电源、多条支路或多个节点的较复杂电阻电路的基本分析方法，旨在养成化整为零的工程意识，提高灵活分析并解决电路问题的能力。

☞ 知识目标：
① 了解各种方法的求解变量、方程个数及其主要特点；
② 掌握 KVL 和 KCL 独立方程的列写方法；
③ 熟练掌握支路电流法对复杂直流电路的求解方法；
④ 熟练掌握网孔电流法对支路数目较多电路的求解方法；
⑤ 熟练掌握节点电压法对节点较少而网孔较多电路的求解方法。

☞ 能力目标：
① 能观察电路，灵活并熟练运用支路电流法、网孔电流法、节点电压法列方程，并求解；
② 能熟练运用 Multisim 软件获取电路元件的相关参数；
③ 能独立设计电路并进行仿真验证，加深对电路多种分析方法的理解及应用。

3.1　支路变量分析法

概要导览

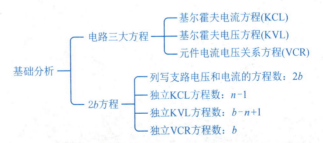

支路变量分析法是直接以电路的支路电压或支路电流为变量，根据基尔霍夫定律和元件特性直接列写分析方程。由于这种方法涉及的求解变量及联立的方程数较多，因此一般仅在电路结构简单的情况下使用。

3.1.1 2b 方程

如前所述,电路的三大方程是基尔霍夫电流方程(KCL)、基尔霍夫电压方程(KVL)和元件电流电压关系方程(VCR)。

元件特性通常用支路上电压和电流关系的方程来描述,称为支路方程,又称电压电流关系(Voltage Current Relation),简称为 VCR。下面以图 3-1 为例来说明电路的支路方程。

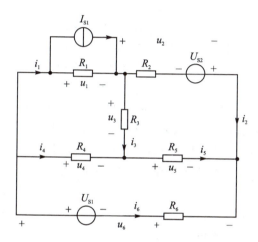

图 3-1 支路特性方程示例

在图 3-1 所示各支路电压与电流取关联参考方向,变量编号一致,各支路的支路方程如下:

支路 1: $\quad u_1 = R_1(i_1 - I_{S1})$

支路 2: $\quad u_2 = R_2 i_2 - U_{S2}$

支路 3: $\quad u_3 = R_3 i_3$

支路 4: $\quad u_4 = R_4 i_4$

支路 5: $\quad u_5 = R_5 i_5$

支路 6: $\quad u_6 = R_6 i_6 + U_{S1}$

可见,每一条支路的电压、电流构成一个方程,b 条支路就有 b 个独立的支路方程。

据第 2 章中的介绍,若电路有 b 条支路、n 个节点,则可列写的方程数目分别为

独立 KCL 方程数:$n-1$

独立 KVL 方程数:$b-n+1$

独立 VCR 方程数:b

可见,如以支路电压、电流为变量,网络可以列写 $(n-1)+(b-n+1)+b=2b$ 个独立的支路变量方程,此为 2b 方程。2b 方程数与未知量的个数相等,足以求解所

有支路电压、电流。

通过列写 $2b$ 个关于支路电压和电流的方程求解电路的方法,称为 $2b$ 法。$2b$ 法是其他分析方法的基础。

3.1.2 支路电流法

概要导览

求解复杂电路的方法有多种,我们可以根据不同电路的特点,选用不同的方法去求解。其中最基本、最直观、手工求解最常用的就是支路电流法。

支路电流法是以电路中各支路电流为独立求解变量的解题方法。在列写网络的 $2b$ 方程时,列独立 KCL 方程和用电流表示的 KVL 方程,再联立求解,可得各支路电流。

利用支路电流法解题的步骤如下:

① 任意标定各支路电流的参考方向和网孔绕行方向。

② 用基尔霍夫电流定律列出节点电流方程。有 n 个节点,就可以列出 $n-1$ 个独立电流方程。

③ 用基尔霍夫电压定律列出 $L=b-(n-1)$ 个用电流变量表示的网孔方程。

说明: L 指的是网孔数,b 指是支路数,n 指的是节点数。

④ 代入已知数据求解方程组,确定各支路电流及方向。

 小提示

1) 列写含有无伴电源支路电路的支路电流分析方程时,令理想电流源所在支路的电流为 i_S;在回路电压方程中,以理想电流源的电压 u 为未知量。

2) 支路电流法适用于分析支路数很少的电路。

【计算与仿真】 支路电流法示例与仿真

【例 3-1】 图 3-2 为两台直流发电机的并联电路示意图,其中 $R_1=1\ \Omega$,$R_2=0.6\ \Omega$,$R=24\ \Omega$,$U_{S1}=130\ V$,$U_{S2}=117\ V$,用支路电流法求负载电流 I 及每台发电机的输出电流 I_1 和 I_2,并对电路进行仿真验证结果。

(1) 例题计算

1) 假设各支路电流的参考方向和网孔绕行方向如图 3-2 所示。

2) 列 KCL 方程:

该电路有 A、B 两个节点,故只能列一个节点电流方程。对于节点 A 有

$$i_1 + i_2 = i \qquad ①$$

3) 列 KVL 方程：
$$R_1 i_1 - R_2 i_2 + U_{S2} - U_{S1} = 0 \qquad ②$$
$$Ri + R_2 i_2 - U_{S2} = 0 \qquad ③$$

4) 联立方程①②③，代入已知条件，可得
$$-i_1 - i_2 + i = 0$$
$$i_2 - 0.6 i_2 = 130 \text{ V} - 117 \text{ V}$$
$$24i + 0.6 i_2 = 117 \text{ V}$$

解得各支路电流为
$$i_1 = 10 \text{ A}, \quad i_2 = -5 \text{ A}, \quad i = 5 \text{ A}$$

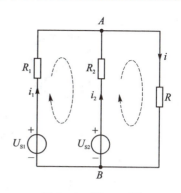

图 3-2　例 3-1 图

从计算结果可以看出，发电机 U_{S1} 输出 10 A 的电流，发电机 U_{S2} 输出 -5 A 的电流，负载电流为 5 A。

由此可知：两个电源并联时，并不都是向负载供给电流和功率的，当两个电源的电动势相差较大时，就会发生某电源不但不输出功率，反而吸收功率成为负载。因此，在实际供电系统中，直流电源并联时，应使两个电源的电动势相等，内阻应相近。

（2）例题仿真

根据图 3-2 设计仿真电路，如图 3-3 所示。

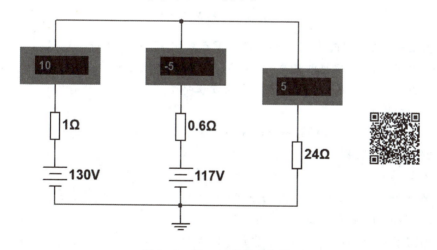

图 3-3　例 3-1 仿真电路图

由图可知，支路电流分析法的结果与仿真结果一致。

思一思：电池的混用

圆圆家新买了一台电子打火式燃气灶，在阅读使用说明时发现有这样一条警示：

禁止新、旧电池混用

请思考:1. 新、旧电池为何不能混用?
      2. 不同品牌电池能否混用?

【例 3 - 2】 用支路电流法求解图 3-4 所示电路的各支路电流。

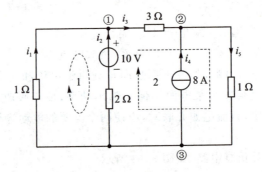

图 3 - 4 例 3 - 2 图

方法一 分析:图 3 - 4 所示电路中节点数 $n=3$,支路数 $m=5$。其中一条支路仅含有理想电流源,理想电流源 $i_S=8$ A 是已知的,即该支路电流 $i_4=i_5=8$ A,故只需求 4 条支路的电流,列出 4 个支路电流方程即可。

(1) 例题计算

1) 假设各支路电流的参考方向和网孔绕行方向如图 3 - 4 所示。

2) 列 KCL 方程。

节点 1: $\quad -i_1-i_2+i_3=0$

节点 2: $\quad -i_3-8+i_5=0$

3) 列 KVL 方程。

回路 1: $\quad i_1-2i_2+10 \text{ V}=0$

回路 2: $\quad 2i_2+3i_3+i_5-10 \text{ V}=0$

4) 联立方程求解,得

$$i_1=-4 \text{ A}, \quad i_2=3 \text{ A}$$
$$i_3=-1 \text{ A}, \quad i_5=7 \text{ A}$$

(2) 例题仿真

对图 3 - 4 所示电路进行仿真设计,如图 3 - 5 所示。

由图 3 - 5 可知,计算结果与仿真结果一致。

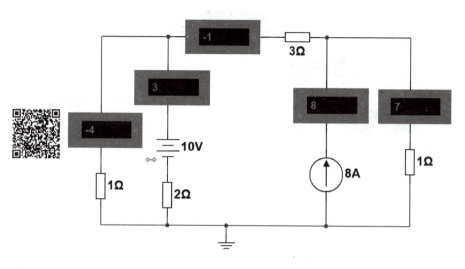

图 3-5 例 3-2 仿真电路图

方法二 分析：该电路的理想电流源旁边并联了一个电阻支路，为了减少方程数，可将电流源和并联电阻组成的部分按电源等效方法进行变换，则

$$u_S = i_S \times 1\ \Omega = 8\ \text{V}, \quad 且 \quad R_S = 1\ \Omega$$

变换后的电路如图 3-6 所示，该电路只含节点数 $n=2$，支路数 $m=3$，故只需 3 个支路电流方程即可。

(1) 例题计算

1) 假设各支路电流的参考方向和网孔绕行方向如图 3-6 所示。

2) 列 KCL、KVL 方程：

节点 1： $\qquad -i_1 - i_2 + i_3 = 0$

回路 1： $\qquad i_1 - 2i_2 + 10\ \text{V} = 0$

回路 2： $\qquad 2i_2 + 4i_3 + 8\ \text{V} - 10\ \text{V} = 0$

3) 联立方程求解，得

$$i_1 = -4\ \text{A}, \quad i_2 = 3\ \text{A}, \quad i_3 = -1\ \text{A}$$

4) 根据图 3-4 求 i_5，有

$$i_5 = i_3 + i_4 = 7\ \text{A}$$

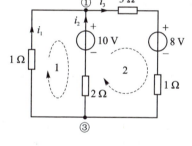

图 3-6 例 3-2 等效电路图

(2) 例题仿真

对图 3-6 所示电路进行仿真设计，如图 3-7 所示。

由图 3-7 可知，计算结果与仿真结果一致。

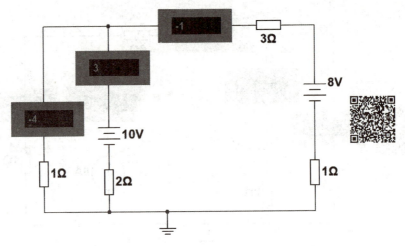

图 3-7 例 3-2 等效电路仿真图

3.2 网孔电流法

概要导览

根据电流的连续性,可以假定电流在指定的网孔中流动,这种电流称为网孔电流。对于电路中每一个节点,网孔电流流入一次又流出一次,因此当以网孔电流作为电路待求变量时,电路的 KCL 方程自动满足,只需列写 $b-n+1$ 个网孔的 KVL 方程。

以网孔电流为待求变量,按 KVL 建立方程求解电路的方法称为网孔分析法。其网孔电流方程也称为网孔方程。

网孔电流方程的解题步骤如下:

① 确定独立回路,并设定回路绕行方向。

② 列以回路电流为未知量的 KVL 方程。

③ 解方程求回路电流,再求各支路电流。

④ 进行验算:选外围回路列 KVL 方程,代入数据,若回路电压之和为 0,则说明运算数据正确。

下面利用图 3-8 所示电路,推论网孔电流法的一般形式。

假设有网孔电流 i_{l1}、i_{l2} 分别在网孔中环流,取网孔电流与巡行方向一致,由

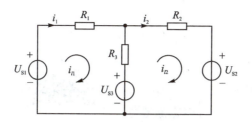

图 3-8 网孔电流示意图

KVL 有网孔方程:

$$\left.\begin{array}{l}(R_1+R_3)i_{l1}-R_3 i_{l2}=U_{S1}-U_{S3}\\ -R_3 i_{l1}+(R_2+R_3)i_{l2}=U_{S3}-U_{S2}\end{array}\right\} \quad (3-1)$$

由式(3-1)所示规律,可归纳含两个网孔的 KVL 方程的一般形式如下:

$$\left.\begin{array}{l}R_{11}i_{l1}+R_{12}i_{l2}=\left(\sum u_S\right)_{l1}\\ R_{21}i_{l1}+R_{22}i_{l2}=\left(\sum i_S\right)_{l2}\end{array}\right\} \quad (3-2)$$

对照式(3-2),可以看出网孔电流方程有以下规律:

① R_{11}、R_{22} 是网孔 l_1、l_2 的自电阻,分别表示个网孔所有电阻之和。

② R_{12}、R_{21} 是各网孔公共支路的电阻,称为互电阻。

③ 自电阻恒取正;互电阻上两网孔电流方向相反时,互电阻取负;方向相同时,互电阻取正。

④ $\left(\sum u_S\right)_{l1}$,$\left(\sum i_S\right)_{l2}$,分别表示网孔 l_1、l_2 中所有电压源电压升的代数和,即电压源电压升高的方向和网孔方向一致时取正,反之取负。

【计算与仿真】 网孔电流法示例与仿真

【例 3-3】 如图 3-8 所示电路,若已知 $R_1=10\ \Omega$,$R_2=60\ \Omega$,$R_3=20\ \Omega$,$U_{S1}=20\ V$,$U_{S2}=10\ V$,$U_{S3}=30\ V$,求各支路电流,并仿真验证。

(1) 例题计算

将已知数值代入式(3-1),得

$$\begin{cases}30i_{l1}-20i_{l2}=20-30\\ -20i_{l1}+80i_{l2}=30-10\end{cases}$$

解得回路电流:

$$\begin{cases}i_{l1}=-0.2\ A\\ i_{l2}=0.2\ A\end{cases}$$

支路电流:

$$\begin{cases}i_1=i_{l1}=-0.2\ A\\ i_2=i_{l2}=0.2\ A\\ i_3=i_{l1}-i_{l2}=-0.4\ A\end{cases}$$

(2) 例题仿真

对图 3-8 所示电路进行仿真设计,如图 3-9 所示。

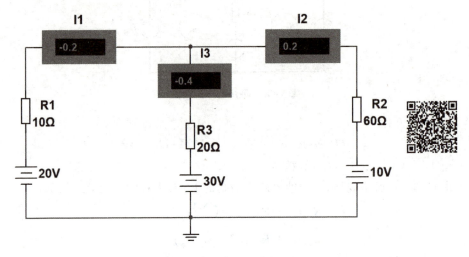

图 3-9 例 3-3 仿真电路图

由图 3-9 可知,计算结果与仿真结果一致。

【**例 3-4**】 如图 3-10 所示电路,已知 $R_1 = 20\ \Omega, R_2 = 5\ \Omega, R_3 = 6\ \Omega, I_S = 6\ A,U_S = 140\ V$,试求各支路电流,并仿真验证其结果。

(1) 例题计算

设网孔电流 i_{l1} 和 i_{l2},因为网孔 2 中存在独立回路无伴电流源,因此 $I_S = i_{l2} = 6\ A$。

由 KVL 有网孔方程:

$$(R_1 + R_3) i_{l1} + R_3 i_{l2} = U_S$$

代入值,得

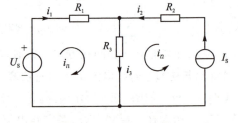

$$26 i_{l1} + 36 = 140$$

解得回路电流: $i_{l1} = 4\ A$

支路电流:

$$\begin{cases} i_1 = i_{l1} = 4\ A \\ i_2 = i_{l2} = 6\ A \\ i_3 = i_{l1} + i_{l2} = 10\ A \end{cases}$$

图 3-10 例 3-4 图

(2) 例题仿真

对图 3-10 所示电路进行仿真设计,如图 3-11 所示。

由图 3-11 可知,计算结果与仿真结果一致。

【**例 3-5**】 在图 3-12 所示电路中,$U_{S1} = 140\ V, U_{S2} = 90\ V, R_1 = 20\ \Omega, R_2 =$

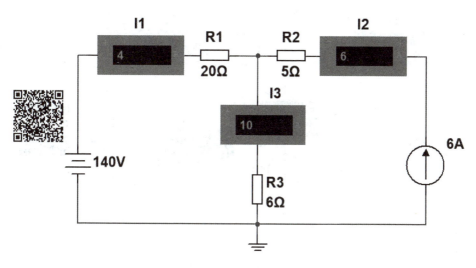

图 3-11 例 3-4 仿真电路图

$5\ \Omega$,$I_{S3}=10$ A,求图示两个回路的电流大小,并仿真验证其结果。

（1）例题计算

设无伴电流源 i_{l3} 两端电压如图所示,则由 KVL 得网孔方程:

$$\begin{cases} R_1 i_{l1}+u_1=U_{S1} \\ R_2 i_{l2}+u_1=U_{S2} \\ i_{l1}+i_{l2}=I_{S3} \end{cases}$$

代入值,得

$$\begin{cases} 20 i_{l1}+u_1=140 \\ 5 i_{l2}+u_1=90 \\ i_{l1}+i_{l2}=10 \end{cases}$$

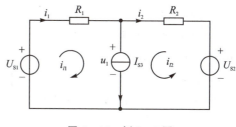

图 3-12 例 3-5 图

解得回路电流:

$$\begin{cases} i_{l1}=-0.2\ \text{A} \\ i_{l2}=0.2\ \text{A} \end{cases}$$

支路电流:

$$\begin{cases} i_{l1}=4\ \text{A} \\ i_{l2}=6\ \text{A} \\ u_1=60\ \text{V} \end{cases}$$

（2）例题仿真

对图 3-12 所示电路进行仿真设计,如图 3-13 所示。

小提示——无伴电流源的处理

电路中的无伴电流源,若出现在独立回路中,则该回路电流值即被确定为等于该

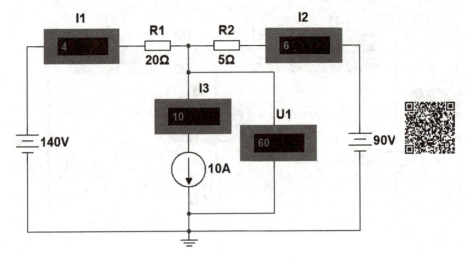

图 3-13 例 3-5 仿真电路图

电流源的电流值,而且该回路的 KVL 方程无须列出。

若无伴电流源出现在非独立回路中,则须设定电流源两端的电压,这样才能建立有关方程,并求出各回路电流。

【例 3-6】 求图 3-14 所示电路中各独立电源提供的功率。

(1) 例题计算

分析:运用网孔分析法计算,网孔电流如图所示。因为网孔 1 中含独立电流源,则网孔 1 的电流 $I_{l1}=1$ A,只需要列写其他两个网孔的方程(即为 KVL 方程)即可。

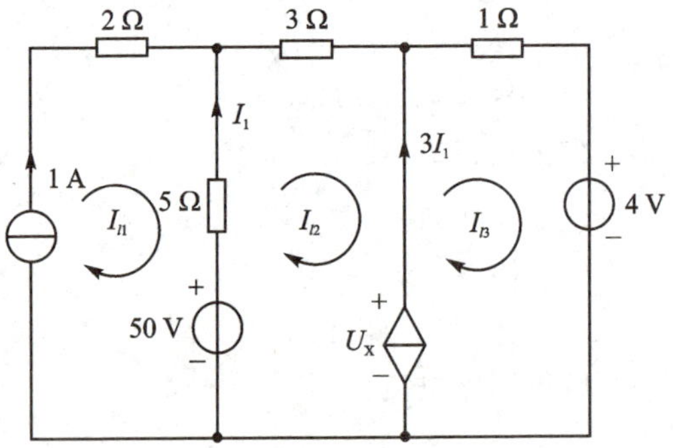

网孔方程为

$(3+5)I_{l2}-5I_{l1}-0\times I_{l3}=50 \text{ V}-U_X$

$1\times I_{l3}-0\times I_{l2}=-4 \text{ V}+U_X$

且

$I_{l3}-I_{l2}=3I_1$

解得

$I_1=3.5 \text{ A}$

$I_{l2}=4.5 \text{ A}$

$I_{l3}=15 \text{ A}$

图 3-14 例 3-6 图

因此,1 A 电流源两端的电压为

$2\ \Omega\times 1 \text{ A}-5I_1+50 \text{ V}=34.5 \text{ V}$

1 A 电流源提供的功率为

$P_{1A}=-1 \text{ A}\times 34.5 \text{ V}=-34.5 \text{ W}$

50 V 电压源提供的功率为

$$P_{50\,\text{V}} = 50I_1 = 175\ \text{W}$$

4 V 电压源提供的功率为

$$P_{4\,\text{V}} = 4I_{l3} = 60\ \text{W}$$

(2) 例题仿真

对图 3-14 所示电路进行仿真设计,如图 3-15 所示。此处利用 Multisim 的功率计 XWM 进行测量,注意电路中电流方向,确保电压表、电流表"＋"极流入,"－"极流出。

由图 3-15 可知,计算结果与仿真结果一致。

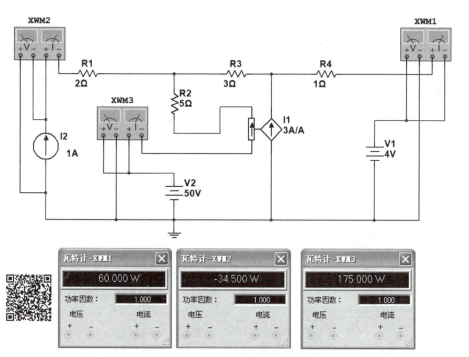

图 3-15 例 3-6 仿真电路及结果

3.3 节点电压法

概要导览

在电路中任选一个节点为参考点,其余独立节点与参考点之间的电压,称为该节点的节点电压。电路计算机辅助分析中多采用节点分析法(nodal analysis)。

节点电压分析法是以节点电位为待求变量,将各支路电流用节点电位表示,列写除了参考节点以外其他所有节点的 KCL 方程,求得节点电位后再确定其他变量的电路分析方法,称为节点电压分析法,简称节点分析法。

节点电压法的解题步骤如下:

① 选取参考节点,假定其余 $n-1$ 个独立节点的节点电位。

② 列写 $n-1$ 个独立节点的 KCL 方程,方程中的各支路电流用节点电位表示。

③ 求解方程,得到节点电位。

④ 通过节点电位确定其他变量。

以如图 3-16 所示具有三个节点的电路为例,用节点分析法求解步骤,导出节点电压方程式的一般形式。

解: 1) 选择节点③为参考节点,则 $u_{n3}=0$;节点①、节点②的电压分别记为 u_{n1}、u_{n2},各支路电流及参考方向如图 3-16 所示。

2) 应用基尔霍夫电流定律,对节点①、节点②分别列出节点电流方程:

节点① $\qquad -I_{S1}-I_{S2}+i_1+i_2=0$

节点② $\qquad I_{S2}-I_{S3}-i_2+i_3=0$

3) 用节点电压表示支路电流:

$$i_1=\frac{u_{n1}}{R_1}=G_1 u_{n1}$$

$$i_2=\frac{u_{n1}-u_{n2}}{R_2}=G_2(u_{n1}-u_{n2})$$

$$i_3=\frac{u_{n2}}{R_3}=G_3 u_{n2}$$

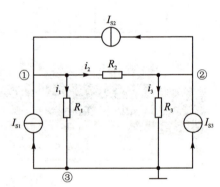

图 3-16 节点电压分析电路示例

4) 代入节点①、节点②电流方程,可得

$$-I_{S1}-I_{S2}+\frac{u_{n1}}{R_1}+\frac{u_{n1}-u_{n2}}{R_2}=0$$

$$I_{S2}-I_{S3}-\frac{u_{n1}-u_{n2}}{R_2}+\frac{u_{n2}}{R_3}=0$$

整理后可得

$$\left.\begin{array}{r}\left(\dfrac{1}{R_1}+\dfrac{1}{R_2}\right)u_{n1}-\dfrac{1}{R_2}u_{n2}=I_{S1}+I_{S2} \\ -\dfrac{1}{R_2}u_{n1}+\left(\dfrac{1}{R_2}+\dfrac{1}{R_3}\right)u_{n2}=I_{S3}-I_{S2}\end{array}\right\} \qquad (3-3)$$

根据式(3-3)，节点电压方程可写成

$$\left.\begin{array}{l}G_{11}u_{n1}+G_{12}u_{n2}=(\sum I_S)_a \\ G_{21}u_{n1}+G_{22}u_{n2}=(\sum I_S)_b\end{array}\right\} \quad (3-4)$$

对照式(3-4)，可以看出节点方程有以下的规律：

① $G_{11}=G_1+G_2$，是与节点①相连接的各支路的电导之和，称为节点①的自电导；

② $G_{22}=G_2+G_3$，是与节点②相连接的各支路的电导之和，称为节点②的自电导；

③ $G_{12}=G_{21}$，表示连接节点①和②之间支路的电导之和，G_{12} 称为节点①和②之间的互电导，G_{21} 称为节点①和②之间的互电导。

④ 自电导恒取正；只要两节点间(除参考点外)有公共电导，则互电导恒取负。

⑤ $(\sum I_S)_a$、$(\sum I_S)_b$ 分别表示流入节点 a 和 b 的电流源代数和，流入取正，流出取负。

【计算与仿真】节点电压法示例及仿真

【例3-7】 本例研究独立节点中含无伴电流源的情况。如图3-17所示，利用节点电压法计算电路中电流 i_1 和 i_2。

(1) 例题计算

分析：电路中含有5 A无伴电流源，节点①、节点②的电压分别记为 u_{n1}、u_{n2}，为了便于列节点方程，令电流源的端电压 u_{n2} 为待求变量。在列写方程时，无伴电流源支路相当于电压为 u_{n2} 的电压源。

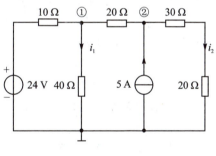

图3-17 例3-7图

设参考节点和独立节点(见图3-17)，列节点方程：

$$\left(\frac{1}{10}+\frac{1}{40}+\frac{1}{20}\right)u_{n1}-\frac{1}{20}u_{n2}=\frac{24}{10}$$

$$-\frac{1}{20}u_{n1}+\left(\frac{1}{20}+\frac{1}{50}\right)u_{n2}=5$$

联立方程可得

$$u_{n1}=42.8718 \text{ V}, \quad u_{n2}=102.0513 \text{ V}$$

因此，所求电流为

$$i_1=\frac{u_{n1}}{40}\approx 1.072 \text{ A}$$

$$i_2=\frac{u_{n2}}{50}=2.041 \text{ A}$$

(2) 例题仿真

对图 3-17 所示电路进行仿真设计,如图 3-18 所示。

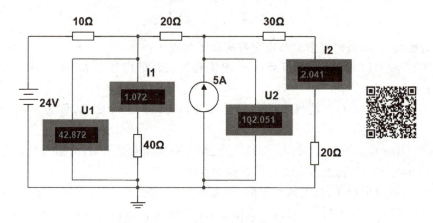

图 3-18　例 3-7 仿真电路图

由图 3-18 可知,利用节点分析法的计算结果与仿真结果一致。

【例 3-8】 本例研究独立节点间含理想电压源的情况。如图 3-19 所示,用节点电压法求节点电压 U_{n3}。

(1) 例题计算

分析:本例含有两个理想电压源,巧妙选择参考点可以使分析简化。节点①、②、③的电压分别记为 u_{n1}、u_{n2}、u_{n3},由图可知,以接地点为参考节点,节点②的节点电压为已知量 $u_{n2}=10$ V,可以少列一个方程。①、③节点间有一个电压源,在列节点方程时遇到困难。考虑到节点方程

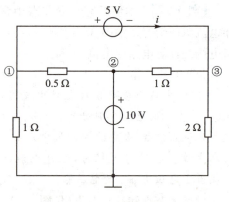

图 3-19　例 3-8 图

的本质是对各节点的 KCL 方程,可以假设 5 V 电源支路有电流 i 流过。

因此,节点①、③ 的 KCL 方程为

$$\left(\frac{1}{1}+\frac{1}{0.5}\right)u_{n1}-\frac{1}{0.5}u_{n2}+i=0$$

$$\left(\frac{1}{1}+\frac{1}{2}\right)u_{n3}-\frac{1}{1}u_{n2}-i=0$$

且

$$u_{n1}-u_{n3}=5$$

联立求解上述方程组,得

$$u_{n3}=\frac{10}{3}\text{ V}\approx 3.33\text{ V}$$

(2) 例题仿真

对图 3-19 所示电路进行仿真设计,如图 3-20 所示。

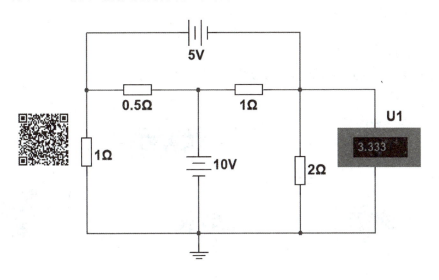

图 3-20 例 3-8 仿真电路图

由仿真结果可知,$U_{n3} = \frac{10}{3}$ V ≈ 3.333 V,U_{n3} 电压值的仿真结果与理论值相等。

【例 3-9】 本例研究节点中含受控源的情况。求图 3-21 所示电路中电压 u、电流 i,以及独立电压源和受控电压源提供的功率,并仿真验证电压电流值。

(1) 例题计算

分析:电路中含有电压受控电压源(VCVS),在列节点方程时,将其作为电压源处理。

设参考节点和独立节点 u_n(见图 3-21),列节点方程如下:

$$\left(\frac{1}{2+3} + \frac{1}{2} + \frac{1}{2}\right)u_n = \frac{8}{2} + \frac{4u}{2}$$

且

$$u = \frac{2}{2+3}u_n$$

解得

$$u_n = 10 \text{ V}$$
$$u = 4 \text{ V}$$
$$i = \frac{u_n - 4u}{2} = -3 \text{ A}$$

独立电压源提供的功率为

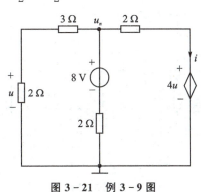

图 3-21 例 3-9 图

$$P_1 = -\frac{u_n - 8}{2} \times 8 = -8 \text{ W}$$

受控源提供的功率为

$$P_2 = -4u \times i = 48 \text{ W}$$

(2) 例题仿真

对图 3-21 所示电路进行仿真设计，如图 3-22 所示。

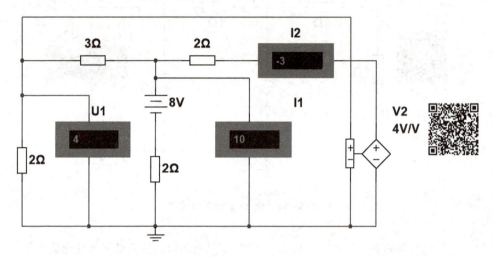

图 3-22　例 3-9 仿真电路图

由图 3-22 可知，仿真结果与理论值一致。

习　题

3-1　列写图 3-23 所示电路的网孔方程。

3-2　用网孔电流法求图 3-24 所示电路中的电流 I_x。

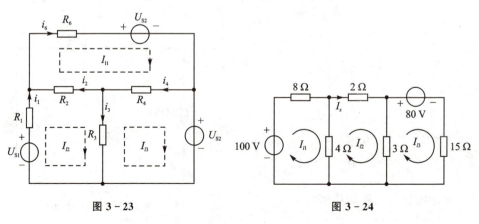

图 3-23　　　　　　　　　　图 3-24

3-3 用网孔电流法求如图3-25所示电路中的功率损耗。

3-4 用节点电压法求图3-26所示电路中的电压 u。

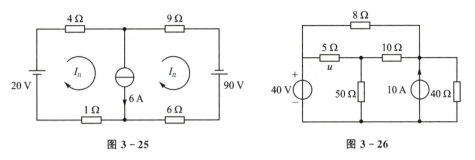

图 3-25　　　　　图 3-26

3-5 用网孔电流法分析计算图3-27中10 Ω电阻的端电压,并仿真验证结果。

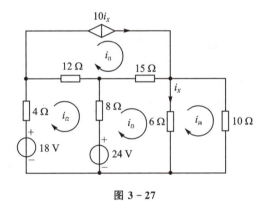

图 3-27

3-6 电路如图3-28所示,用节点分析法求电流 i 以及受控源发出(或者吸收)的功率,并仿真验证结果。

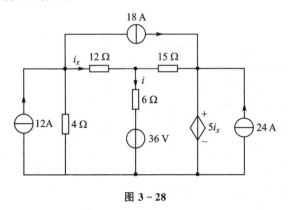

图 3-28

3-7 利用节点电压法分析图3-29所示电路中各独立电源提供的功率,并仿真验证其结果。

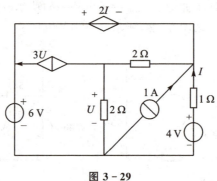

图 3-29

【仿真设计】电路基本分析方法验证

1. 实训目的

① 熟练运用 Multisim 仿真软件进行电路图绘制。

② 加深对支路电流法、网孔电流法、节点电压法的理解和分析。

③ 加深对 KCL、KVL 的理解和应用。

④ 能熟练进行理论计算与仿真结果的验证分析。

2. 实训原理

① 支路电流法。

② 网孔电流法。

③ 节点电压法。

3. 实训电路

自行设计三回路三节点或以上的电路,每条支路均放置电流指示器和电压指示器。绘制电路图。

4. 实训内容

① 运行仿真,记录各支路电流值和电压值,并列表填入。

② 利用支路电流法求解该电路各支路的电流和电压。

③ 利用网孔电流法求解该电路各支路的电流和电压。

④ 利用节点电压法求解该电路各支路的电流和电压。

⑤ 将理论分析结果与仿真结果对比,验证各分析方法的准确性。

5. 实训分析

① 总结实训结论。

② 对实训过程中的错误进行分析。

项目 4　线性电路分析与仿真

以定理为始,旨在举一反三。本项目针对由独立电源和线性元件构成的线性电路,讨论线性电路基本定理的应用分析,探索复杂电路的等效本质,旨在提升团队协同深度学习的能力。

☞ **知识目标:**
① 掌握叠加定理及其求解方法;
② 熟练掌握戴维南定理、诺顿定理及其分析求解电路的方法;
③ 熟悉最大功率传输定理。

☞ **能力目标:**
① 能熟练使用叠加定理、戴维南定理、诺顿定理灵活地分析电路;
② 能熟练使用 Multisim 软件实现电路原理图到仿真图之间的转换;
③ 能顺利完成仿真测试,获取电路参数,验证运算结果,加深对定理的理解和应用。

4.1　叠加定理

概要导览

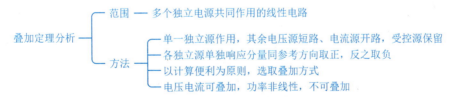

线性电路中的叠加定理(superposition theorem)是电路具有叠加性质的体现。

线性电路,从电路构成的角度来说,凡由独立电源和线性元件(包括线性受控源)组成的电路均为线性电路;从电路的响应(电路中的任何电压或电流)和激励(独立电压源与独立电流源)的对应关系来看,同时满足可加性和齐次性的电路为线性电路。

可加性: 多个激励共同作用引起的响应,等于每个激励单独作用所引起的响应之和。即如果电源(电压源或电流源)$f_1(t)$引起的电路响应为$y_1(t)$,电源$f_2(t)$引起的电路响应为$y_2(t)$,则当电源为$f_1(t)+f_2(t)$时,引起的电路响应为$y_1(t)+y_2(t)$。

齐次性: 在仅有一个独立电源激励的线性电路中,若将激励增大a倍,则响应也

相应增大 a 倍。即如果电流对电源 $f(t)$ 引起的响应为 $y(t)$，当电源扩大 a 倍时，响应变为 $ay(t)$。

同时满足可加性和齐次性的电路即为线性电路，表示为

$$a_1 f_1(t) + a_2 f_2(t) \to a_1 y_1(t) + a_2 y_2(t) \tag{4-1}$$

式中，a_1、a_2 为任意常数。

下面以简单线性电路为例说明叠加定理的本质。如图 4-1(a)所示电路，用节点电压法和叠加定理两种方法求解，对比计算电流 i_1 和电压 u_2。

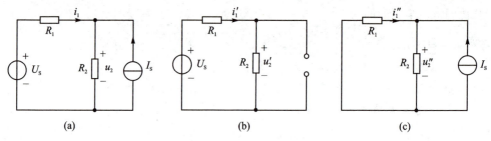

图 4-1 叠加定理示例

（1）用节点电压方程分析

图 4-1(a)所示电路有一个独立电压源和一个独立电流源，两个电源共同作用下的响应由节点电压方程表示为

$$\left(\frac{1}{R_1} + \frac{1}{R_2}\right) u_2 = \frac{U_S}{R_1} + I_S$$

解得

$$u_2 = \frac{R_2}{R_1 + R_2} U_S + \frac{R_1 R_2}{R_1 + R_2} I_S$$

又因为

$$i_1 = \frac{u_2}{R_2} - I_S$$

故有

$$i_1 = \frac{1}{R_1 + R_2} U_S - \frac{R_2}{R_1 + R_2} I_S$$

（2）用叠加定理分析

电压源 U_S 单独作用的电路如图 4-1(b)所示，有

$$i_1' = \frac{1}{R_1 + R_2} U_S, \quad u_2' = \frac{R_2}{R_1 + R_2} U_S$$

电流源 I_S 单独作用的电路如图 4-1(c)所示，有

$$i_1'' = -\frac{R_2}{R_1 + R_2} I_S, \quad u_2'' = \frac{R_1 R_2}{R_1 + R_2} I_S$$

根据叠加定理，有

$$i_1 = i_1' + i_1'' = \frac{1}{R_1 + R_2} U_S - \frac{R_2}{R_1 + R_2} I_S$$

$$u_2 = u_2' + u_2'' = \frac{R_2}{R_1 + R_2} U_S + \frac{R_1 R_2}{R_1 + R_2} I_S$$

对比可知，两种方法运算结果一致。

因此，在有两个或两个以上的独立电源作用的线性电路中，任意支路的电流或任意两点间的电压，都可以认为是电路中各个独立电源单独作用而其他独立电源为零（即其他电压源短路、电流源开路）时，在该支路中产生的各电流或在该两点间的各电压的代数和。

【计算与仿真】叠加定理示例与仿真

【例 4-1】 应用叠加定理计算图 4-2(a)所示电路中的电压 u，并确定 40 Ω 电阻消耗的功率。

分析：本例若采用节点分析法，要建立两个节点方程，求解方程工作量不大，因此，可优先选择节点分析法。用叠加定理分析时，独立电源分别作用的电路如图 4-2(b)、(c)、(d)所示，三个电路的分析均可以采用分压、分流关系实现，计算工作量也不太大，因此也可以选择叠加定理来分析。

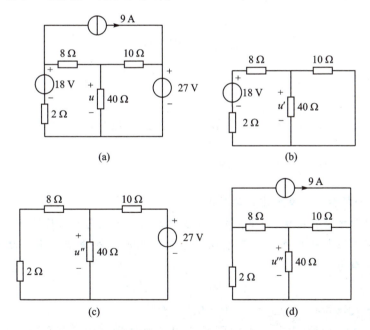

图 4-2 例 4-1 图

(1) 例题计算

根据叠加定理，$u = u' + u'' + u'''$。

按照电阻串联、并联和分压关系，不难得到

$$u' = \left(\frac{18}{\frac{40 \times 10}{40 + 10} + 8 + 2} \times \frac{40 \times 10}{40 + 10} \right) \text{V} = 8 \text{ V}$$

$$u'' = \left(\frac{27}{\frac{40 \times 10}{40 + 10} + 10} \times \frac{40 \times 10}{40 + 10} \right) \text{V} = 12 \text{ V}$$

图 4-2(d)中，10 Ω 和 40 Ω 电阻并联，结果为 8 Ω 电阻，两个 8 Ω 电阻串联，再和 2 Ω 电阻并联，由分流关系不难得到

$$u''' = \left(-\frac{2}{8 + 8 + 2} \times 9 \times 8 \right) \text{V} = -8 \text{ V}$$

因此

$$u = (8 + 12 - 8) \text{ V} = 12 \text{ V}$$

功率为

$$P = \frac{u^2}{R} = \frac{(8 + 12 - 8)^2}{40} \text{ W} = \left(\frac{12 \times 12}{40} \right) \text{ W} = 3.6 \text{ W}$$

注意：

$$P \neq \frac{8^2 + 12^2 + 8^2}{40}$$

即功率不符合叠加定理。

(2) 例题仿真

对图 4-2(a)、(b)、(c)、(d)所示 4 个电路进行仿真，得到对应的图 4-3(a)、(b)、(c)、(d)。

由图 4-3 可知，计算结果与仿真结果一致。

运用叠加方法算功率，必须在求出某支路的总电流或总电压后进行。

比如某电阻支路电流 i 是两个电源分别作用时产生电流 i' 和 i'' 之和，即 $i = i' + i''$，即功率为

$$P = Ri^2 = R(i' + i'')^2$$

但不能按下式计算：

$$P \neq Ri'^2 + Ri''^2$$

【例 4-2】 电路如图 4-4(a)所示，试用叠加定理求受控电源端电压 U 及其提供的功率。

分析：本例最简单的分析方法应该是节点法，为了说明受控电源在叠加定理应用时的处理方法，在此用叠加定理分析。用叠加定理分析含受控电源电路时，受控电源保留在独立电源单独作用的各电路之中。

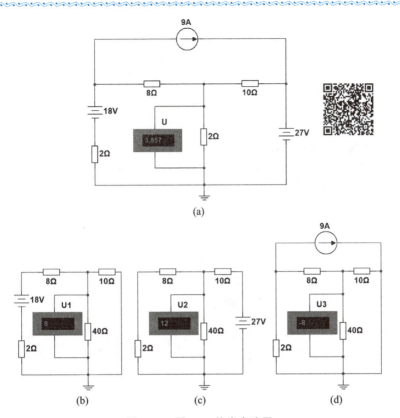

图4-3 图4-2仿真电路图

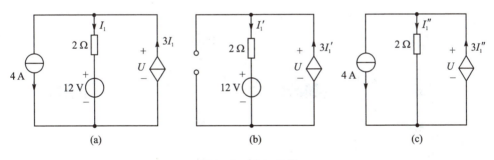

图4-4 例4-2图

(1) 例题计算

分析:利用叠加定理计算时,图4-4(a)可以拆分为12 V的电压源单独作用和4 A电流源单独作用,如图4-4(b)和(c)所示。

图4-4(b)中,由KCL和KVL分别得到

$$I_1' = 3I_1'$$
$$U' = 2\ \Omega \times I_1' + 12\ \text{V}$$

解得

$$I_1' = 0 \text{ A}, \quad U' = 12 \text{ V}$$

图 4-4(c)中,由 KCL 和 KVL 分别得到

$$3I_1'' = I_1'' + 4 \text{ A}$$
$$U'' = 2I_1''$$

解得

$$I_1'' = 2 \text{ A}, \quad U'' = 4 \text{ V}$$

当两电源共同作用时,有

$$I = I_1' + I_1'' = 2 \text{ A}, \quad U = U' + U'' = 16 \text{ V}$$

受控电源提供的功率为

$$P = U \times (3I_1) = 96 \text{ W}$$

(2) 例题仿真

对图 4-4(a)、(b)、(c)所示的电路进行仿真,得到对应的图 4-5(a)、(b)、(c)。

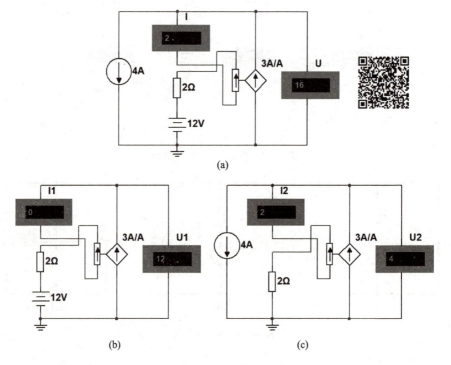

图 4-5 例 4-2 仿真电路图

由图 4-5 可知,计算结果与仿真结果一致。

小提示——叠加定理应用注意事项

1) 叠加定理仅适用于线性电路。

2) 应用叠加定理分析含受控源电路时,通常不把受控源单独作用于电路,而把受控源作为电阻元件一样对待,当某一独立电源单独作用时,受控源保留在电路中。

3）叠加时应注意各响应分量的参考方向与原来的响应变量方向是否一致，方向一致则响应分量前应取"＋"号，不一致则响应分量前应取"－"号。

4.2 等效电源定理

概要导览

前面讨论过用电源变换法化简电路求解某些变量的问题。对一般电路，通常要经过多次电源互换才能得到最简的电路。为了简化分析过程，这里介绍两个重要定理，即**戴维南定理和诺顿定理，二者合称为等效电源定理**。

戴维南定理与诺顿定理常用来获得一个复杂网络的最简单等效电路，特别适用于计算某一条支路的电压或电流，或者分析某一个元件参数变动对该元件所在支路的电压或电流的影响等情况。

4.2.1 戴维南定理

戴维南定理（Thevenin's Theorem）用于把复杂的线性有源二端网络等效为一个戴维南模型，内容如下：

任意线性有源（含有独立电源）二端网络 N，对外电路而言，总可以等效为一个电压源和一个线性电阻串联的支路（戴维南支路）。其中：电压源电压等于网络 N 的端口开路电压 U_{oc}，串联电阻（又称输出电阻或等效电阻）等于网络 N 独立电源置零后的入端电阻 R_0。

戴维南模型如图 4-6 所示。

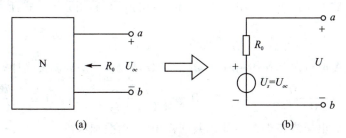

图 4-6 戴维南模型示例

戴维南定理的应用步骤如下：
① 断开所要求解的支路或局部网络,求出二端有源网络的开路电压U_{oc}；
② 令二端网络内独立源为零,求等效电阻(输入电阻)R_0；
③ 将待求支路或网络接入等效后的戴维南电源,求出解答。

【计算与仿真】戴维南定理示例与仿真

【例4-3】 求图4-7(a)所示电路的戴维南等效电路,并仿真验证其结果。

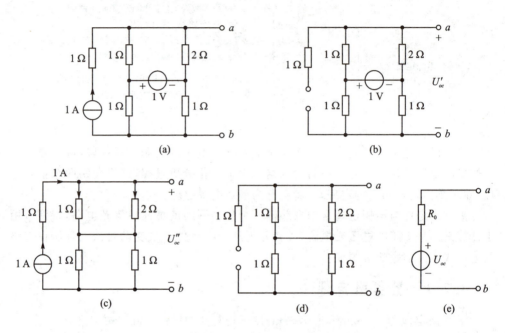

图4-7 例4-3图

(1) 例题计算

分析:在图4-7(a)所示的电路中求a、b两点的开路电压u_{oc}时,可以用前面介绍的支路法、网孔法、节点法、叠加法等方法进行,须考虑何种方法较为简便。若用叠加法求解,则仅涉及常用的分压、分流关系即可,无须列写电路方程组,较为简便。

① 当1V电压源单独作用时,如图4-7(b)所示,利用分压公式计算如下：

$$U'_{oc} = \frac{2\ \Omega}{2\ \Omega+1\ \Omega} \times 1\ \text{V} - \frac{1\ \Omega}{1\ \Omega+1\ \Omega} \times 1\ \text{V} = \frac{1}{6}\ \text{V}$$

② 当1A电流源单独作用时,如图4-7(c)所示,利用分流公式计算如下：

$$U''_{oc} = \frac{1\ \Omega}{2\Omega+1\ \Omega} \times 1\ \text{A} \times 2\ \Omega + \frac{1\ \Omega}{1\ \Omega+1\ \Omega} \times 1\ \text{A} \times 1\ \Omega = \frac{7}{6}\ \text{V}$$

③ 当1V电压源和1A电流源共同作用时,由叠加法得

$$U_{oc} = U'_{oc} + U''_{oc} = \frac{4}{3}\ \text{V}$$

④ 令图 4-7(a)所示电路的独立源为零,得到图 4-7(d)所示的无源电阻网络,则等效电阻为

$$R_0 = \frac{7}{6} \, \Omega$$

可见,图 4-7(a)所示的戴维南等效电路应为图 4-7(e)。

注意:与理想电流源串联的电阻对外部电路不起作用,可以短接。

(2) 例题仿真

① 对图 4-7 所示戴维南等效电路开路电压进行仿真测量,结果如图 4-8 所示。

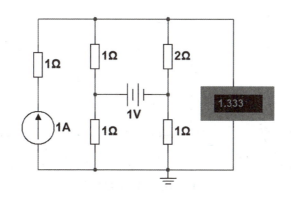

图 4-8　例 4-3 开路电压仿真测量

② 对图 4-7 所示戴维南等效电路输入电阻的仿真测量,结果如图 4-9 所示。

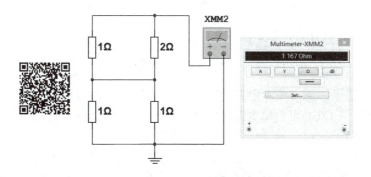

图 4-9　例 4-3 等效电阻仿真测量

由图 4-9 可知,计算结果与仿真结果一致。

【例 4-4】　求图 4-10(a)所示电路的戴维南等效电路。

(1) 例题计算

分析:本题可以将原电路分成左、右两部分,先求出左面部分电路的戴维南等效电路,然后求出整个电路的戴维南等效电路。

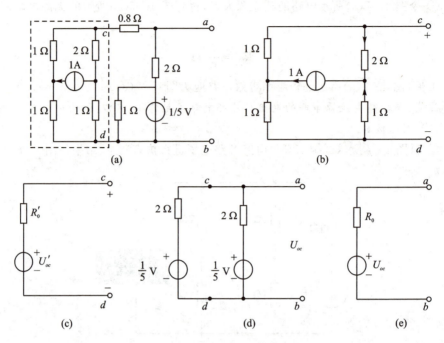

图 4 - 10 例 4 - 4 电路图

① 左面部分电路如图 4 - 10(b) 所示,求得其戴维南等效电路如图 4 - 10(c) 所示,且根据分流关系,cd 端开路电压:

$$u'_{oc} = \frac{2}{5}\,\text{A} \times 2\,\Omega - \frac{3}{5}\text{A} \times 1\,\Omega = \frac{1}{5}\,\text{V}$$

令 1 A 电流源开路,则 cd 端等效电阻:

$$R'_0 = (2\,\Omega + 1\,\Omega) \,//\, (1\,\Omega + 1\,\Omega) = 3\,\Omega \,//\, 2\,\Omega = \frac{6}{5}\,\Omega = 1.2\,\Omega$$

② 代入图 4 - 10(a) 所示电路,则原电路如图 4 - 10(d) 所示。

③ 由图 4 - 10(d) 可得原电路的戴维南等效为图 4 - 10(e),且 ab 端开路电压:

$$u_{oc} = \frac{1}{5}\,\text{V}$$

令电压源短接,则 ab 端等效电阻:

$$R_0 = 2\,\Omega \,//\, 2\,\Omega = 1\,\Omega$$

注意:与理想电压源并联的电阻对外部电路不起作用,可以断开。

(2) 例题仿真

① 对戴维南等效电路开路电压进行仿真测量,结果如图 4 - 11 所示。
② 对戴维南等效电路输入电阻的仿真测量,结果如图 4 - 12 所示。
由图 4 - 12 可知,计算结果与仿真结果一致。

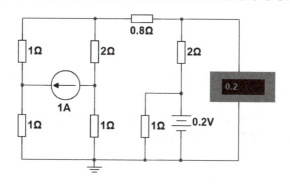

图 4-11 例 4-4 开路电压仿真测量

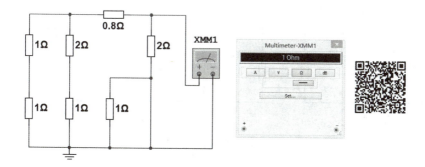

图 4-12 例 4-4 等效电阻仿真测量

4.2.2 诺顿定理

诺顿定理（Norton's Theorem）是戴维南定理的对偶，内容如下：

任意线性有源（含有独立电源）二端电路 N，对外电路而言，总可以等效为一个电流源和一个线性电阻并联的支路（诺顿支路）。其中：电流源的电流等于网络 N 的端口短路电流 i_{Sc}，电阻等于网络 N 内部独立源置零后的端口置零后的入端电阻 R_0。诺顿模型如图 4-13 所示。

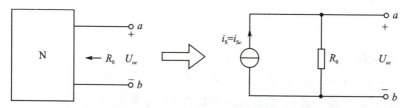

图 4-13 诺顿模型示意图

根据戴维南支路和诺顿支路的互换关系，可知诺顿定理只是戴维南定理的另一种形式而已，其中有

$$R_o = \frac{u_{oc}}{i_{Sc}} \qquad (4-2)$$

诺顿定理的应用步骤如下：

① 断开所要求解的支路或局部网络，求出二端有源网络的短路电流 i_{Sc}；

② 令二端网络内独立源为零，求等效电阻(输入电阻)R_0；

③ 将待求支路或网络接入等效后的诺顿电源，求出解答。

【计算与仿真】 诺顿定理示例与仿真

【例 4-5】 如图 4-14(a)所示，$R_1=1\ \Omega$，$R_2=2\ \Omega$，$R_3=3\ \Omega$，$R_L=3\ \Omega$，$i_S=1$ A，$u_S=6$ V，试用诺顿定理求电压 u。

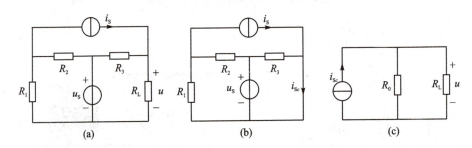

图 4-14 例 4-5 图

分析：本题以负载电阻 R_L 为参考端，算出 i_{Sc}、R_0，即可等效出电路的诺顿电源，代入 R_L 值，便可算出其两端电压。

(1) 例题计算

R_L 端短接，如图 4-14(b)所示，计算短路电流 i_{Sc}，则

$$i_{Sc} = i_S + \frac{u_S}{R_3} = \left(1 + \frac{6}{3}\right)\ \text{A} = 3\ \text{A}$$

令电压源短接，电流源开路，可知

$$R_0 = 3\ \Omega$$

由此，画出诺顿电源等效图如图 4-14(c)所示，则

$$u = \frac{R_0 R_L}{R_0 + R_L} \times i_{Sc} = 1.5 \times 3\ \text{V} = 4.5\ \text{V}$$

(2) 例题仿真

图 4-14(a)中 R_L 两端电压的直接测量仿真如图 4-15 所示。

R_L 端短接，短路电流 i_{Sc} 的仿真测量如图 4-16 所示。

电压源短接，电流源开路，R_0 的仿真测量如图 4-17 所示。

由图可知，计算结果与理论结果一致。

【例 4-6】 计算当图 4-18(a)中电阻 R 分别为 3 Ω，6 Ω 时，流过的电流 I_R 分别是多少？并仿真验证其结果。

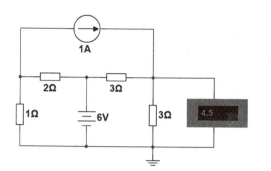
图 4-15 例 4-5 端电压仿真测量

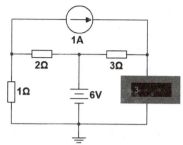
图 4-16 例 4-5 短路电流仿真测量

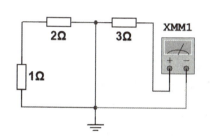

图 4-17 例 4-5 等效电阻仿真测量

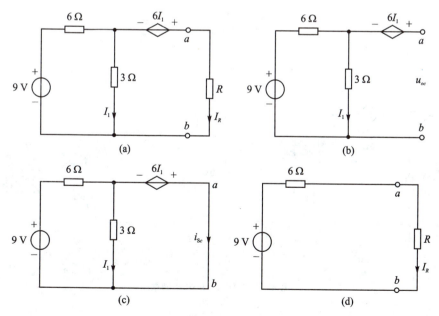

图 4-18 例 4-6 图

(1) 例题解析

分析：计算图 4-18(a)中端口 ab 的戴维南等效电路。可以在 u_{oc}、i_{sc}、R_0 三个参数中任选两个进行计算，在此 u_{oc}、i_{sc} 的计算较为简单。

① R 端开路，如图 4-18(b)所示，计算 ab 的开路电压 u_{oc}，有

$$I_1 = \frac{9}{3+6} \text{ A} = 1 \text{ A}$$

$$u_{oc} = 6 \text{ Ω} \times I_1 + 3 \text{ Ω} \times I_1 = 9 \text{ V}$$

② R 端短接，如图 4-18(c)所示，计算 ab 的短路电流 i_{sc}，由 KVL 得

$$I_1 = \frac{-6I_1}{3} = 0$$

$$i_{Sc} = \frac{9}{6} = 1.5 \text{ A}$$

③ 因此

$$R_0 = \frac{u_{oc}}{i_{Sc}} = \frac{9}{1.5} = 6 \text{ Ω}$$

④ 得到戴维南等效电路如图 4-18(d)所示。代入 R 值，则有
$R = 3$ Ω 时，

$$I_R = \frac{9 \text{ V}}{(6+3) \text{ Ω}} = 1 \text{ A}$$

$R = 6$ Ω 时，

$$I_R = \frac{9 \text{ V}}{(6+6) \text{ Ω}} = 0.75 \text{ A}$$

(2) 例题仿真

负载 $R = 3$ Ω，$R = 6$ Ω 的仿真测量结果分别如图 4-19(a)、(b)所示。

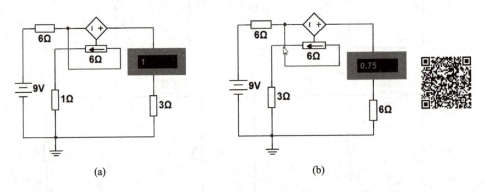

图 4-19 例 4-6 仿真测量

由图 4-19 可知，计算结果与仿真结果一致。

4.3 最大功率传输定理

概要导览

最大功率传输定理分析 — 目的 — 研究电源与负载的关系
　　　　　　　　　　└ 步骤 ┬ 若电源电压 U 恒定,当负载电阻 R_L 等于电源串联电阻 R_0 时,负载获得最大功率
　　　　　　　　　　　　　 └ $P_{max}=U^2/(4R_L)$

最大功率传输定理研究的是电源与负载的关系。其描述为：设一负载 R_L 接于电压型电源上,若该电源的电压 U 保持规定值和串联电阻 R_0 不变,负载 R_L 可变,则 $R_L=R_0$ 时,负载从电源获得的最大功率。

图 4-20 可视为由一个电源向负载输送电能的模型,R_0 可视为电源内阻和传输线路电阻的总和,R_L 为可变负载电阻。

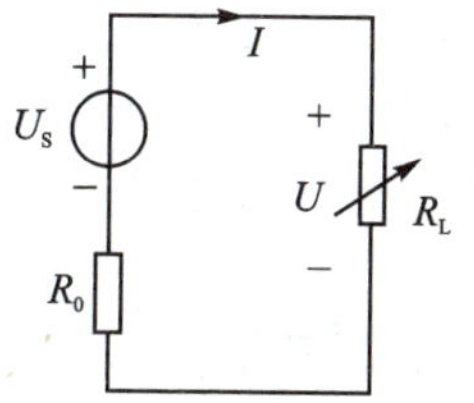

负载 R_L 上消耗的功率 P 可用下式表示：

$$P = I^2 R_L = \left(\frac{U_S}{R_0+R_L}\right)^2 R_L$$

图 4-20 最大功率示例

当 $R_L=0$ 或 $R_L=\infty$ 时,电源输送给负载的功率均为零。而以不同的 R_L 值代入上式可求得不同的 P 值,其中必有一个 R_L 值,使负载能从电源处获得最大的功率。

为了求出功率最大的条件,利用数学导数求最大值的方法,令

$$\frac{dP}{dR_L}=0$$

解得

$$R_L=R_0$$

此时

$$P_{max}=\left(\frac{U_S}{R_0+R_L}\right)^2 R_L=\left(\frac{U_S}{2R_L}\right)^2 R_L=\frac{U_S^2}{4R_L}$$

则当 $R_L=R_0$ 时,负载从电源获得的最大功率为

$$P_{max}=\frac{U_S^2}{4R_L} \tag{4-3}$$

此时,称负载与电源匹配或称最大功率匹配。

小拓展——匹配电路的特点及应用

当电路处于"匹配"状态时,一方面,指负载能获得最大功率；但另一方面,此时电源本身要消耗一半的功率,即电源的转换效率只有 50%。

显然,这在电力系统的能量传输过程是绝对不允许的。发电机的内阻很小,电路传输的最主要指标是要高效率送电,最好是100%的功率均传送给负载。为此负载电阻应远大于电源的内阻,即不允许运行在匹配状态。

而在电子技术领域里却完全不同。一般的信号源本身功率较小,且都有较大的内阻,而负载电阻(如扬声器等)往往是较小的定值。此时希望负载能从电源获得最大的功率输出,而电源自身转换效率往往不予考虑。因而必须保证工作在"匹配"状态。

为了改善不匹配的状况,通常设法改变负载电阻,或者在信号源与负载之间加阻抗变换器(如音频功放的输出级与扬声器之间的输出变压器),使电路处于工作"匹配"状态,以使负载能获得最大的输出功率。

【计算与仿真】最大功率传输定理示例与仿真

【例 4-7】 如图 4-21(a)所示电路,求当可变电阻 R 为何值时,R 可以获得最大的功率,并求最大的功率值。

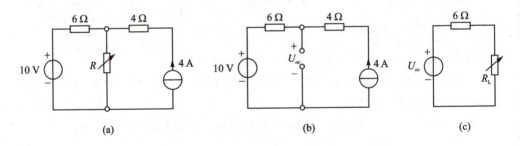

图 4-21 例 4-7 图

(1) 例题计算

分析: 要确定 R 取得最大功率的条件,根据匹配定理,须先将 R 之外的有源二端网络等效为戴维南电源,求得 U_{oc}、R_0,当 $R=R_0$ 时获得最大功率。

① R 断开,如图 4-21(b)所示,则开路电压:
$$U_{oc} = (4 \times 6 + 10) \text{ V} = 34 \text{ V}$$

电流源断路,电压源短路,则戴维南等效内阻 R_0:
$$R_0 = 6 \text{ Ω}$$

戴维南等效电路如图 4-21(c)所示。

② 根据最大功率传递定理,当 $R=R_0=6$ Ω 时,可获最大功率:
$$P_{R\max} = \frac{U_{oc}^2}{4R_0} = \frac{34^2}{4 \times 6} = 48.17 \text{ W}$$

(2) 例题仿真

① 设计图 4-21(a)的仿真电路,如图 4-22 所示。

其中，Multisim 的节点显示：Options → Sheet properties → Net name → Show all(选项→电路图属性→网络名称→全部显示)。

② 执行 Simulate → Analysis → Parameter Sweep(仿真→分析→参数扫描)命令，弹出 Parameter Sweep 对话框。给予变化 R 值，测量 R 两端电压和电流的乘积大小，仿真 R 的最大功率情况。

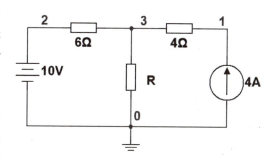

图 4-22　例 4-7 仿真电路图

首先，设置 Analysis Parameters(分析参数)选项卡，如图 4-23 所示。设置 Start(起始电阻)为 4 Ω，Stop(终止电阻)为 8 Ω，# of points(点数)为 5(表示输出 5 条曲线)，则 Increment(增量)自动设置为 1 Ω。

图 4-23　参数设置

其次，设置 Output(输出)选项卡(如图 4-24 所示)，单击 Add Expression 按钮，编辑公式 V(1)∗abs(I(R))，该公式表示负载 R 吸收的功率(节点 1 的电压乘以负载电流的绝对值)。

图 4-24 输出设置

③ 执行 Simulate(仿真),Grapher View(图示仪视图)如图 4-25 所示。

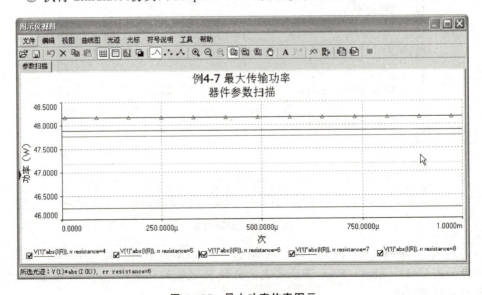

图 4-25 最大功率仿真图示

由图可见,R 值在 4 Ω、5 Ω、6 Ω、7 Ω、8 Ω 五个阻值下形成 5 条功率曲线,当 $R=6$ Ω 时,功率曲线最高,其值为 48.17 W。

可见,计算结果与仿真结果一致。

习 题

4-1 如图 4-26 所示,无源网络 N 外接 $U_S=2$ V,$I_S=2$ A 时,响应 $I=10$ A。当 $U_S=2$ V,$I_S=0$ A 时,响应 $I=5$ A。若 $U_S=4$ V,$I_S=2$ A,则响应 I 为多少?

4-2 求图 4-27 所示电路中的电压 U_{ab},并做出可以求 U_{ab} 的最简单的等效电路。

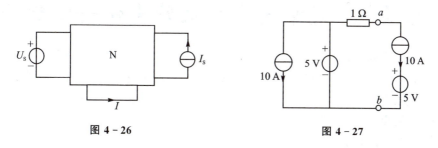

图 4-26 图 4-27

4-3 求图 4-28 所示电路的戴维南等效电路。

4-4 用诺顿定理求图 4-29 所示电路中的电流 I。

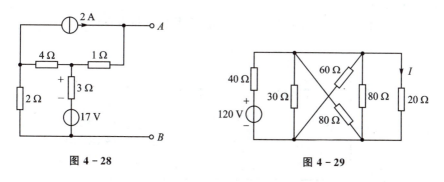

图 4-28 图 4-29

4-5 如图 4-30 所示电路中,电阻 R_L 可调,当 $R_L=2$ Ω 时,有最大功率 $P_{max}=4.5$ W,求 R、U_S 的值。

4-6 如图 4-31 所示电路中,负载 R_L 为何值时能获得最大功率,最大功率是多少?并仿真电路验证结果。

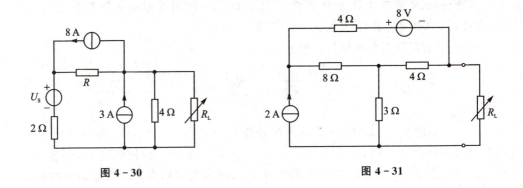

图 4-30　　　　　　　　　　　图 4-31

【仿真设计】戴维南定理及最大传输定理验证

1. 实验目的
掌握线性含源二端网络等效参数的测量方法。加深对戴维南定理、诺顿定理、最大功率传输定理的理解。

2. 实验原理
① 戴维南定理。
② 诺顿定理。
③ 最大功率传输定理。

3. 实验电路
设计实验电路仿真图,可如图 4-32 所示,网络内部可自行设计。

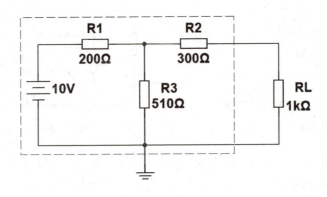

图 4-32　实验电路仿真图

4. 实验内容
① 按图 4-32 接线,改变电阻 R_L 值,测量流进网络的电流及网络端口的电压,填入表 4-1,根据测量结果,求出对应于戴维南等效参数 u_{oc} 和 i_{Sc}。

② 求等效电阻 R_0。

方法一：R_L 断开，电源置零，用电压表欧姆挡直接测量 R_L 端得到 R_0；

表 4－1 线性含源一端口网络的外特性

R_L/Ω	I/mA	U/V	R_L/Ω	I/mA	U/V
0 短路			500		
100			700		
200			800		
300			∞ 开路		

方法二：开路-短路法，测量 u_{oc}，i_{Sc}，利用 $R_0 = \dfrac{u_{oc}}{i_{Sc}}$ 计算；

方法三：外加电源法，测量端口电压 u，电流 i，利用 $R_0 = \dfrac{u}{i}$ 计算。

将用三种方法测得的 R_0，填入表 4－2 中。

表 4－2 等效电阻 R_0

方　法	$R_0/\mathrm{k\Omega}$	R_0 的平均值
1		
2		
3		

③ 画出利用上述方法求得的戴维南等效电路图和诺顿等效电路图。
④ 测量其外特性，并将数据填入表 4－3、表 4－4 中。
⑤ 比较表 4－1、表 4－3、表 4－4 中的数据，验证戴维南定理和诺顿定理的准确性。
⑥ 计算 R_L 的最大功率传输条件及最大功率值。
⑦ 对 R_L 进行参数扫描，验证最大功率定理的准确性。

5．实训分析

① 总结实训结论。
② 对实训过程中的错误进行分析。

表 4－3 戴维南等效电路

R_L/Ω	I/mA	U/V	R_L/Ω	I/mA	U/V
0 短路			500		
100			700		
200			800		
300			∞ 开路		

表 4-4 诺顿等效电路

R_L/Ω	I/mA	U/V	R_L/Ω	I/mA	U/V
0 短路			500		
100			700		
200			800		
300			∞ 开路		

项目 5　正弦交流电路分析与仿真

正弦交流电在生产和生活中有着广泛的应用,如家用电器及照明电路、交流电动机及变压器、无线电通信及电视广播等。本项目通过分析正弦交流电路的动态变化规律,探求串并联电路的谐振条件,培养兼具动态发展观的科学素养。

☞ **知识目标:**
① 理解正弦交流电的三要素和表示方法。
② 理解单一参数正弦交流电路中电压与电流的关系,理解有功功率、无功功率、阻抗的概念。
③ 掌握 RLC 串、并联电路中电流、电压和功率的计算方法。
④ 掌握电路发生串、并联谐振的条件以及特征。

☞ **能力目标:**
① 会测量交流电路中电压、电流及功率。
② 会用 Multisim 仿真软件对电路进行仿真。

5.1　正弦交流电的表示方法

概要导览

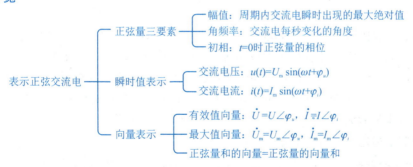

大小和方向不随时间变化的电压、电流称为直流电。大小和方向随时间变化的电压、电流称为交流电。大小和方向随时间按正弦规律变化的电压、电流,称为正弦交流电,其相关的电路称为正弦交流电路。

5.1.1　正弦交流电的瞬时值表示

正弦交流电是以时间 t 为变量,其瞬时值是按正弦规律变化的周期函数。一个正弦量在规定参考方向可用如下表达式表示：

$$u(t) = U_m \sin(\omega t + \varphi_u)$$
$$i(t) = I_m \sin(\omega t + \varphi_i)$$

式中，U_m 称为该电压的幅值；ω 称为正弦量的角频率；$(\omega t + \theta)$ 称为相位，$t=0$ 时的相位 φ_u 称为初相位，简称初相。通常，幅值、角频率和初相称为正弦量的三要素。如果已知交流电的三要素，交流电的瞬时值即可确定。

以电流为例，图 5-1 所示为正弦电流的波形，它表示电流的大小和方向随时间作周期性变化的情况。

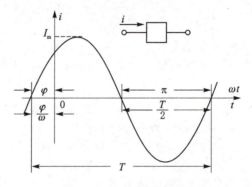

图 5-1 正弦电流的波形

1. 幅值、有效值

在一个周期内，交流电瞬时出现的最大绝对值，称为幅值，也叫最大值、振幅或峰值，分别用 U_m、I_m 表示。

在分析和计算正弦电路时，常用的是有效值。由于交流电的主要作用是转换能量，故周期量的瞬时值和最大值都不能确切反映它们在能量方面的效果，有效值是从电流的热效应来规定的。无论是周期性变化的电流还是直流，只要它们在相同的时间内通过同一电阻而两者的热效应相等，就把它们的有效值看作是相等的。即某一电阻元件 R，周期电流 i 在其一个周期 T 秒内流过电阻产生的热量与某一直流电流 I 在同一时间 T 内流过电阻产生的热量相等，则这个周期电流的有效值在数值上等于这个直流量的大小。

按照上述定义可得

$$\int_0^T i^2 R \, dt = I^2 RT$$

由此可得周期电流的有效值为

$$I = \sqrt{\frac{1}{T} \int_0^T i^2 \, dt}$$

即周期量的有效值等于其瞬时值平方在一周期内的平均值的平方根，又称方均根值。式中的 i 为任意随时间变化的周期量。如果 i 为正弦交流电流，即

$$i(t) = I_m \sin(\omega t + \varphi)$$

$$I = \sqrt{\frac{1}{T}\int_0^T I_m^2 \sin^2(\omega t + \varphi)\,dt}$$

$$= \sqrt{\frac{I_m}{T}\int_0^T \frac{1}{2}[1 - \cos 2(\omega t + \varphi)]\,dt} = \frac{I_m}{\sqrt{2}}$$

则

$$I = \frac{I_m}{\sqrt{2}} = 0.707 I_m$$

即正弦量的有效值等于它的最大值除以$\sqrt{2}$。对于正弦电压,同理可得

$$U = \frac{U_m}{\sqrt{2}} = 0.707 U_m$$

一般电器设备上所标明的电流、电压值都是指有效值。使用交流电流表、电压表所测出的数据也多是有效值。例如"220 V,40 W"的照明灯指它的额定电压的有效值为 220 V,一般不加说明,交流电的大小皆指它的有效值,例如交流 380 V 或 220 V 均指有效值。

2. 周期、频率和角频率

交流电完成一个循环所需要的时间通常用 T 表示,单位为秒(s)。单位还有毫秒(ms)、微秒(μs)、纳秒(ns)。单位时间内交流电变化所完成的循环数称为频率,用 f 表示,单位为赫兹(Hz)。工程实际中常用的单位还有 kHz、MHz、GHz 等。周期和频率互成倒数,即

$$f = \frac{1}{T}$$

交流电每秒变化的角度(电角度)称为角频率,用 ω 表示,单位为弧度/秒(rad/s)。因为正弦量每经历一个周期 T 的时间,相位增加 2π rad,所以正弦角频 ω、周期 T 和频率 f 三者均反映正弦量变化的快慢。直流量可以看作 $\omega = 0$(即 $f = 0$)的正弦量,即

$$\omega = \frac{2\pi}{T} = 2\pi f$$

世界上大多数国家(包括我国)电力工业标准频率(即所谓的"工频")是 50 Hz,其周期为 0.02 s,少数国家(如美国、日本)的工频为 60 Hz。在其他技术领域中也用到各种不同的频率。

3. 初相、相位差

$t = 0$ 时正弦量的相位,称为正弦量的初相位,简称初相,用 φ 表示。计时起点选择不同,正弦量的初相不同。习惯上初相角用小于 180°的角表示,即其绝对值不超过 π。如 $\varphi = 310°$ 可化为 $\varphi = 310° - 360° = -50°$。$t = 0$ 时正弦量的值为 $u(0) = U_m \sin\varphi$。

两个同频率正弦量的相位之差称为相位差。设

$$u(t)=U_m\sin(\omega t+\varphi_u)$$
$$i(t)=I_m\sin(\omega t+\varphi_i)$$

它们的相位差为

$$\varphi=(\omega t+\varphi_u)-(\omega t+\varphi_i)=\varphi_u-\varphi_i$$

注意：只有两个同频率的正弦量才能比较相位差。

初相相等的两个正弦量，它们的相位差为零，称这样的两个正弦量为同相。同相的两个正弦量同时达到零值，同时达到最大值。相位差为 π 的两个正弦量称为反相。反相的两个正弦量各瞬间的值都是异号的，并同时为零。两个正弦量的初相不相等，相位差就不为零，例如：$\varphi=\varphi_1-\varphi_2>0$ 就称 φ_1 超前 φ_2（或者 φ_2 滞后 φ_1）。应当注意，当两个同频率正弦量的计时起点改变时，其初相跟着改变，初始值也改变，但是两者的相位差保持不变，即相位差与计时起点的选择无关。

总之，在正弦量瞬时值表达式中，幅值反映了正弦量变化的幅度，角频率反映了正弦量变化的快慢；初相反映了正弦量在 $t=0$ 时的状态，要完整地确定一个正弦量，必须知道它的幅值、角频率和初相，称这三个量为正弦量的三要素。

利用 Multisim 仿真软件，仿真图如图 5-2 所示，调节信号发生器，使其输出电压为 10 V 的正弦交流信号，输出频率为 100 Hz，用示波器观察输出电压波形。

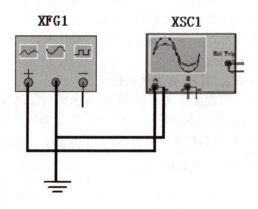

图 5-2　Multisim 仿真图 1

【例题 5-1】 耐压为 220 V 的电容器，能否用在 180 V 的正弦交流电源上？

解：不能！因为 180 V 为正弦交流电的有效值，其最大值为有效值的 $\sqrt{2}$ 倍，所以 $U_m\approx 255\text{ V}>220\text{ V}$。

【例题 5-2】 已知正弦电压 $u_1=141\sin(314t-80°)\text{V}$，$u_2=311\sin(314t+160°)\text{V}$，求两者的相位差，并指出两者的关系。

解：相位差 $\varphi_{12}=-80°-160°=-240°$。

由于 $|\varphi_{12}|\geqslant 180°$，故 $\varphi_{12}=-240°+360°=120°$。

综上，u_1 超前 u_2 为 120°。

5.1.2　正弦量的向量表示

直接用正弦量的瞬时值表达式或波形分析计算正弦交流电路，计算比较麻烦。而正弦交流电的向量表示法，可以简化电路的分析与计算。

1. 向量表示法

用复数表示正弦交流电的方法,称为正弦交流电的向量表示法,用大写字母上加 "·" 来表示,如正弦交流电流 i、电压 u 的瞬时值表达式分别为

$$u(t) = U_m \sin(\omega t + \varphi_u) = \sqrt{2} U \sin(\omega t + \varphi_u)$$

$$i(t) = I_m \sin(\omega t + \varphi_i) = \sqrt{2} I \sin(\omega t + \varphi_i)$$

有效值的向量形式:

$$\dot{U} = U \angle \varphi_u, \quad \dot{I} = I \angle \varphi_i$$

最大值的向量形式:

$$\dot{U}_m = U_m \angle \varphi_u, \quad \dot{I}_m = I_m \angle \varphi_i$$

【例 5-3】 试写出下列正弦量的向量形式。

$$u_1 = 100\sqrt{2} \sin\left(100\pi t + \frac{\pi}{3}\right) \text{V}$$

$$u_2 = 100\sqrt{2} \sin\left(100\pi t - \frac{2\pi}{3}\right) \text{V}$$

$$i_1 = 50\sqrt{2} \sin\left(100\pi t + \frac{\pi}{6}\right) \text{A}$$

解: 各电压、电流的有效值向量分别为

$$\dot{U}_1 = 100 \angle \frac{\pi}{3} \text{ V}$$

$$\dot{U}_2 = 100 \angle -\frac{2\pi}{3} \text{ V}$$

$$\dot{I}_1 = 50 \angle \frac{\pi}{6} \text{ A}$$

【例 5-4】 已知正弦电压的向量,$\dot{U}_1 = 10\angle 0° \text{ V}$,$\dot{U}_2 = 16\angle 90°$,写出其瞬时值表达式。

解: $\dot{U}_1 = 10\angle 0° \text{ V}$, $U_1 = 10 \text{ V}$, $\dot{U}_2 = 16\angle 90°$, $U_2 = 16 \text{ V}$

故 $u_1 = 10\sqrt{2} \sin \omega t \text{ V}$, $u_2 = 16\sqrt{2} \sin(\omega t + 90°) \text{ V}$

正弦交流电用向量表示后在进行分析和计算时要涉及复数的运算,先简单复习一下复数。

2. 复数及其运算

在数学中常用 $A = a + ib$ 表示复数。其中 a 为实部,b 为虚部,$i = \sqrt{-1}$ 称为虚单位。在电工技术中,为了区别于电流的符号,虚单位用 j 表示。图 5-3 所示为复数的矢量表示。

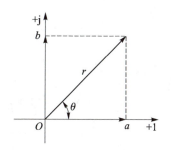

图 5-3 复数的矢量表示

(1) 复数的四种表示形式

① 复数的代数形式 $A = a + jb$；

② 复数的三角形式 $A = r\cos\theta + jr\sin\theta$；

③ 复数的指数形式 $A = re^{j\theta}$；

④ 复数的极坐标形式 $A = r\angle\theta$。

其中，a 表示实部，b 表示虚部，r 表示复数的模，θ 表示复数的辐角，它们之间的关系如下：

$$A = a + jb \Rightarrow r = \sqrt{a^2 + b^2} \quad \theta = \arctan\frac{b}{a} \Rightarrow A = r\angle\theta$$

$$A = a + jb \Leftarrow a = r\cos\theta \quad b = r\sin\theta \Leftarrow A = r\angle\theta$$

(2) 复数的运算

① 复数的加减运算

设 $A_1 = a_1 + jb_1 = r_1\angle\theta_1$，$A_2 = a_2 + jb_2 = r_2\angle\theta_2$，则

$$A_1 \pm A_2 = (a_1 \pm a_2) + j(b_1 \pm b_2)$$

② 复数的乘除运算

设 $A_1 = r_1\angle\theta_1$，$A_2 = r_2\angle\theta_2$，则

$$A_1 \times A_2 = r_1 \times r_2 \angle\theta_1 + \theta_2$$

$$\frac{A_1}{A_2} = \frac{r_1}{r_2}\angle\theta_1 - \theta_2$$

3. 同频率正弦量的运算

在电路的分析计算中，会碰到求正弦量的和差问题，可以借助于三角函数、波形来确定所得正弦量，但这样不方便也不易准确。由数学可知：同频率的正弦量相加或相减所得结果仍是一个同频率的正弦量。这样，就可以用向量来表示其相应的运算，即有定理：正弦量的和的向量，等于正弦量的向量和。

设正弦量 i_1，i_2 的向量分别为 $\dot{I}_1$，$\dot{I}_2$，则 $i = i_1 + i_2$ 的向量为

$$\dot{I} = \dot{I}_1 + \dot{I}_2$$

【例 5-5】 已知 $i_1 = 3\sqrt{2}\sin(\omega t + 60°)$ A，$i_2 = 4\sqrt{2}\sin(\omega t - 30°)$ A，求总电流 $i = i_1 + i_2$ 的瞬时值。

解：

$$\dot{I}_1 = 3\angle 60° \text{A}$$

$$\dot{I}_2 = 4\angle -30° \text{A}$$

所以

$$\dot{I} = \dot{I}_1 + \dot{I}_2 = 3\angle 60° + 4\angle -30°$$

$$= 1.5 + j2.6 + 3.46 - j2$$

$$= 4.96 + j0.6$$

$$= 5\angle 6.9°$$

总电流为

$$i = i_1 + i_2 = 5\sqrt{2}\sin(\omega t + 6.9°)\,\text{A}$$

向量图如图 5-4 所示。

将同频率正弦量的向量画在复平面上所得的图称为向量图。

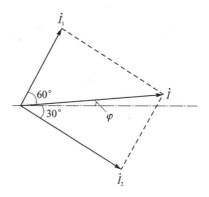

图 5-4 例 5-5 图

注意：

① 只有正弦量才能用向量表示，非正弦量不可以。

② 只有同频率的正弦量才能画在一张向量图上，不同频率不行。

③ 在符号使用上要遵循以下规定：

瞬时值——小写，u、i；

有效值——大写，U、I；

最大值——大写+下标，U_m、I_m；

向量——大写+点，$\dot{U}$、$\dot{I}$。

> **思一思**
>
> 1. 照明电源的额定电压为 220 V，动力电源的额定电压为 380 V，问它们的最大值各为多少？
>
> 2. 在频率分别为 20 Hz、100 Hz 时求角频率和周期。
>
> 3. 已知某正弦电压在 $t=0$ 时为 220 V，期初相为 45°，问它的有效值为多少？
>
> 4. 下列等式中表达的含义是否相同？并说明理由。
>
> (a) $I = 2$ A；　　(b) $I_m = 2$ A；　　(c) $i = 2$ A
>
> 5. 指出下列各式是否正确？
>
> (a) $i = 5\sqrt{2}\sin(\omega t - 30°) = 5\sqrt{2}\,e^{-j30°}$ A；　(b) $U = 120\,e^{j180°} = -120$ V；
>
> (c) $u = 10\sin(\omega t)$ V；　(d) $\dot{I} = 8.66\angle 75°$ A；　(e) $\dot{U}_m = 220\sqrt{2}\angle -240°$ V
>
> 6. 已知一正弦电压的振幅为 300，频率为 50 Hz，初相为 $-30°$，试写出其瞬时值表达式。
>
> 7. 求出下列正弦量所对应的向量。
>
> (1) $i_1 = 2\sin(\omega t + 45°)$ A；　(2) $i_2 = -10\sin \omega t$ A
>
> 8. 写出下列向量所表示的正弦量：
>
> (1) $\dot{U} = \sqrt{2}\angle -30°$ V；　(2) $\dot{I} = (4 + j3)$ A
>
> 9. 已知 $A_1 = 8 + j6$，$A_2 = 10\angle -60°$，求 $A_1 + A_2$、$A_1 - A_2$、$A_1 \times A_2$、A_1/A_2。

5.2 单一参数正弦交流电路的分析

概要导览

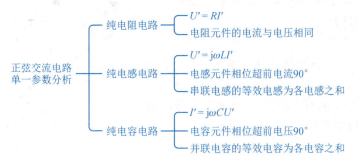

在正弦交流电路中,由电阻、电感和电容中任一个元件组成的电路,称为单一参数正弦交流电路。单一参数的电压、电流关系是分析交流电路的基础。

5.2.1 纯电阻电路

纯电阻电路是最简单的交流电路,由交流电源和电阻组成。我们平时使用的电灯、电烙铁等都属于电阻性负载,它们与交流电源连接构成纯电阻电路。

1. 电压与电流的关系

在纯电阻电路中,假设电阻元件 R 的电压、电流为关联参考方向,如图 5-5(a) 所示,根据欧姆定律,有

$$i = \frac{u}{R} \quad 或 \quad u = Ri$$

即电阻元件上电压、电流的瞬时值仍遵从欧姆定律,是线性关系。

设通过电阻元件的正弦电流为

$$i = I\sqrt{2}\sin(\omega t + \varphi_i)$$

则与该电流关联的电阻元件的电压为

$$u = Ri = RI\sqrt{2}\sin(\omega t + \varphi_i) = U\sqrt{2}\sin(\omega t + \varphi_u)$$
$$U = RI \text{ 或 } U_m = RI_m, \varphi_u = \varphi_i$$

即电阻元件电压、电流的有效值仍遵从欧姆定律,且同相,写成向量式为

$$\dot{U} = R\dot{I}$$

由此可见:① 电阻元件的电流和电压瞬时值、最大值、有效值关系都遵从欧姆定律;② 电阻元件的电流与电压同相,如图 5-5 所示。

2. 纯电阻电路的功率

电阻元件是一耗能元件,但在正弦交流电路中,其功率是随时间变化的,电阻元件在某一时刻的功率称为瞬时功率,如图 5-6 所示。设 $\varphi_i = 0$,则

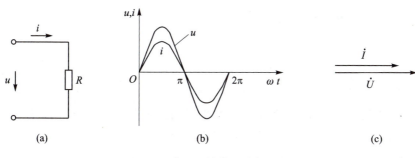

图 5-5 电阻元件的关联参考方向

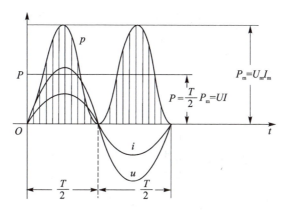

图 5-6 电阻功率的波形图

$$p = ui = I\sqrt{2}\sin\omega t \, U\sqrt{2}\sin\omega t = 2UI\sin^2\omega t = UI - UI\cos(2\omega t)$$

为了计量,将瞬时功率在它的一个周期内的平均值称为平均功率,即

$$P = \frac{1}{T}\int_0^T p(t)\mathrm{d}t = \frac{1}{T}\int_0^T (UI - UI\cos 2\omega t)\mathrm{d}t = UI$$

又可写成

$$P = UI = RI^2 = \frac{U^2}{R}$$

公式的形式与直流电路中完全相同,但与直流电路中各符号的意义完全不同,此处,式中的 U、I 均指正弦量的有效值。

【例 5-6】 一个标称值为"220 V、75 W"的电烙铁,它的电压为 $u = 220\sqrt{2}\sin(100t + 30°)$ V,试求它的电流有效值和功率,并计算它使用 20 h 所耗电能的度数。

解: 电流的有效值为

$$I = \frac{P}{U} = \frac{75 \text{ W}}{220 \text{ V}} = 0.34 \text{ A}$$

因所加电压即为额定电压,功率为 75 W,所以 20 h 所耗电能为

$$W = 75 \text{ W} \times 20 \text{ h} = 1\ 500 \text{ W} \cdot \text{h} = 1.5 \text{ kW} \cdot \text{h} = 1.5 \text{ 度}$$

5.2.2 纯电感电路

1. 电感的概念

在电路中经常用到导线绕成的线圈。当电流通过线圈时,线圈周围就建立了磁场,对于某一 N 匝均匀紧密绕制的线圈其中总磁通 N_φ 或称磁链 φ。当线圈中间和周围没有铁磁物质时,线圈的磁链 φ 与产生磁场的电路成正比,比例系数称为此线圈的自感系数,简称为自感或电感,用符号 L 表示,即

$$L = \frac{N\varphi}{i} = \frac{\varphi_L}{i}$$

电感的单位为亨[利](H),实际线圈的电感不是很大,所以常用毫亨(mH)和微亨(μH)作为单位。

电感是反映线圈储存磁场能量的理想化元件,即电感元件,其电路符号如图 5-7 所示。

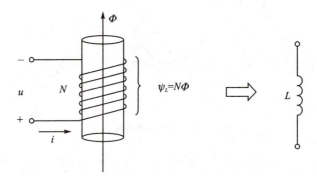

图 5-7 电感元件电路符号

选取线圈的电流 i、电压 u 的参考方向为关联方向时,根据电磁感应定律,有

$$u = -e_L = L\frac{\mathrm{d}i}{\mathrm{d}t}$$

由于电感两端的电压与通过该电感中电流的变化率成正比,在此意义上称电感元件为"动态元件"。对于直流电路由于 i 为常数,$\frac{\mathrm{d}i}{\mathrm{d}t}=0$,则 $u=0$,即电感元件在直流电路中相当于短路。

2. 纯电感电路的电压与电流关系

实际的电感线圈都是用导线绕制而成的,因此线圈总会有一定的电阻。但当电阻很小,小到其数值可以忽略不计时,电感线圈可以近似看作纯电感元件。由交流电源和纯电感元件组成的电路,称为电感电路。

在纯电感电路中,假设电感元件 L 的电压、电流为关联参考方向,如图 5-8(a)所示,设通过电感元件的正弦电流为

项目 5　正弦交流电路分析与仿真

$$i = I\sqrt{2}\sin(\omega t + \varphi_i)$$

则电感元件的电压为

$$u = L\frac{\mathrm{d}}{\mathrm{d}t}[I\sqrt{2}\sin(\omega t + \varphi_i)] = \omega L I\sqrt{2}\cos(\omega t + \varphi_i)$$

$$= \omega L I\sqrt{2}\sin(\omega t + \varphi_i + 90°) = U\sqrt{2}\sin(\omega t + \varphi_u)$$

所以

$$U = \omega L I \quad 或 \quad U_m = \omega L I_m$$

$$\varphi_u = \varphi_i + 90° \quad 或 \quad \varphi_{ui} = \varphi_u - \varphi_i = 90°$$

写成向量形式

$$\dot{U} = \mathrm{j}\omega L \dot{I}$$

式中，ωL 称为电感元件的感抗，用 X_L 表示，即 $X_L = \omega L = 2\pi f L$，单位为欧姆（Ω）。$X_L$ 与 ω 成正比，频率愈高，X_L 愈大，在一定电压下，I 愈小；在直流情况下，$\omega = 0$，$X_L = 0$，电感元件在交流电路中具有通低频阻高频的特性。电压的向量表达式还可写为

$$\dot{U} = \mathrm{j}X_L \dot{I}$$

由此可见：①电感元件的电压和电流的最大值、有效值之间符合欧姆定律形式；②电感元件的电压的相位超前电流 $90°$，如图 5-8 所示。

3. 纯电感电路的功率

设 $\varphi_i = 0$，纯电感电路的瞬时功率为瞬时电压与瞬时电流的乘积，即

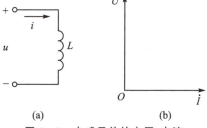

　　(a)　　　　　　(b)

图 5-8　电感元件的电压、电流参考方向和向量图

$$p = ui = 2UI\sin\left(\omega t + \frac{\pi}{2}\right)\sin\omega t = UI\sin 2\omega t$$

可见，瞬时功率的频率是 u、i 频率的两倍，按正弦规律变化，最大值为 $UI = I^2 X_L$，其波形如图 5-9 所示。从瞬时功率的波形可以看出，在第 1 个 $\dfrac{T}{4}$ 和第 3 个 $\dfrac{T}{4}$ 时间内，u 与 i 同方向，p 为正，电感从外界吸收能量，线圈起负载作用；在第 2 个 $\dfrac{T}{4}$ 和第 4 个 $\dfrac{T}{4}$ 时间内，u 与 i 反向，p 为负值，电感向外释放能量，即把磁能转换为电能，放出的能量等于吸收的能量，<u>故它是储能元件，只与外电路进行能量交换，本身不消耗能量</u>。因此，它在一周期内的平均功率为零，为了衡量电感元件与外界交换能量的规模，引入无功功率，即

$$Q_L = UI = I^2 X_L = \frac{U^2}{X_L}$$

这里"无功"的含义是"功率交换而不消耗",并不是"无用"。无功功率的单位是 var（乏）或 kvar（千乏）。与无功功率相对应,工程上还常把平均功率称为有功功率。

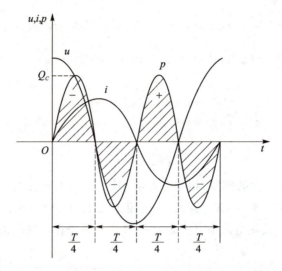

图 5-9　电感功率的波形图

4. 电感元件的储能

已知电感两端的电压为

$$u = L\frac{\mathrm{d}i}{\mathrm{d}t}$$

电感元件吸收的瞬时功率为

$$p = ui = Li\frac{\mathrm{d}i}{\mathrm{d}t}$$

电流从零上升到某一值时,电源供给的能量就储存在磁场中,其能量为

$$W_L = \int_0^t p\,\mathrm{d}t = \int_0^t ui\,\mathrm{d}t = \int_0^i Li\,\mathrm{d}i = \frac{1}{2}Li^2$$

所以磁场能量

$$W_L = \frac{1}{2}Li^2$$

式中,L、i 的单位分别为亨利（H）、安培（A）,W_L 的单位为焦耳（J）。

【**例 5-7**】　把一个 0.1 H 的电感元件接到频率为 50 Hz,电压有效值为 10 V 的正弦电压源上,问电流是多少？如保持电压不变,而频率调节为 5 000 Hz,此时电流为多少？

解： 当 $f = 50$ Hz 时,感抗为

$$X_L = 2\pi f L = 2 \times 3.14 \times 50 \text{ Hz} \times 0.1 \text{ H} = 31.4 \text{ Ω}$$

电流为

$$I = \frac{U}{X_L} = \frac{10}{31.4} \text{ A} = 0.318 \text{ A} = 318 \text{ mA}$$

当 $f = 5\ 000$ Hz 时,感抗为

$$X_L = 2\pi f L = 2 \times 3.14 \times 5\ 000 \text{ Hz} \times 0.1 \text{ H} = 3\ 140 \text{ Ω}$$

$$I = \frac{U}{X_L} = \frac{10}{3\ 140} \text{ A} = 0.003\ 18 \text{ A} = 3.18 \text{ mA}$$

由此例可知,当电压一定时,频率愈高,通过电感元件的电流愈小。

5.2.3 纯电容电路

1. 电容的概念

与储存磁场能量的电感线圈相对应,在电路中还经常用到储存电场能量或电荷的电容器。电容器由两个导体中间隔以纸、云母、陶瓷等绝缘材料构成。

最简单的电容器是平行板电容器,它由两块相互平行靠得近而又彼此绝缘的金属板组成。

从电容器的电路特性分析,定义电容器的电容量 C 与电容器所带的电荷量 q 成正比,与其两极板间的电压 U 成反比,即

$$C = \frac{q}{u}$$

当电容器的电容量确定时,电容器的电路特性是其极板间的电压越高,所能储存的电荷越多(但实际上受到电容器的耐压限制,电容器的电压不能无限制地增加)。

在国际单位制中,电容 C 的单位为法[拉](F),在实际应用中常用微法(μF)和皮法(pF)。

习惯上,电容器和电容量均简称为电容,所以符号 C 具有双重的意义:既代表电容器元件,又代表它的重要参数电容量。

根据电路的定义 $i = \dfrac{\mathrm{d}q}{\mathrm{d}t}$ 以及 $C = \dfrac{q}{u}$,可知

$$i = C \frac{\mathrm{d}u}{\mathrm{d}t}$$

由于电容电流与电容两端电压的变化率成正比,所以电容电压变化越快,电流越大;电容电压变化越慢,电流越小。对于直流电路,由于 u 为常数,$\dfrac{\mathrm{d}u}{\mathrm{d}t} = 0$,则 $i = 0$,即电容元件在直流电路中相当于开路。

2. 纯电容电路电压与电流的关系

在纯电容电路中,假设电容元件的电压、电流为关联参考方向,如图 5 - 10(a)所示。

设通过电容元件的端电压为

$$u = U\sqrt{2} \sin(\omega t + \varphi_u)$$

则电路中的电流为

$$i = c\frac{\mathrm{d}u}{\mathrm{d}t} = \omega CU\sqrt{2}\cos(\omega t + \varphi_u)$$
$$= \omega CU\sqrt{2}\sin(\omega t + \varphi_u + 90°)$$
$$= I\sqrt{2}\sin(\omega t + \varphi_i)$$

所以

$$I = \omega CU \quad 或 \quad I_m = \omega CU_m$$
$$\varphi_i = \varphi_u + 90° \quad 或 \quad \varphi_{ui} = \varphi_u - \varphi_i = -90°$$

写成向量形式

$$\dot{I} = \mathrm{j}\omega C\dot{U} \quad 或 \quad \dot{U} = -\mathrm{j}\frac{1}{\omega C}\dot{I}$$

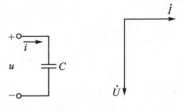

图 5-10 电容元件的电压、电流参考方向和向量图

式中,$\frac{1}{\omega C}$ 称为电容元件的容抗,用 X_c 表示,即 $X_c = \frac{1}{\omega C} = \frac{1}{2\pi fC}$ 单位为欧姆(Ω)。X_c 与 ω 成反比,频率愈高,X_c 愈小,在一定电压下,I 愈大;在直流情况下,$\omega = 0$,$X_c = \infty$,电容元件在交流电路中具有通高频阻低频的特性。电压的向量表达式还可写为

$$\dot{U} = -\mathrm{j}X_c\dot{I}$$

由此可见:①电容元件的电压和电流的最大值、有效值符合欧姆定律;②电容元件的电流比电压超前 90°,如图 5-10(b)所示。

3. 纯电容电路的功率

设 $\varphi_i = 0$,纯电容电路的瞬时功率为瞬时电压与瞬时电流的乘积

$$p = ui = U_m I_m \sin\left(\omega t - \frac{\pi}{2}\right)\sin\omega t = -UI\sin 2\omega t$$

可见,电容元件的瞬时功率的频率是 u、i 频率的两倍,按正弦规律变化,最大值为 $UI = I^2 X_L$,其波形如图 5-11 所示。从瞬时功率的波形可以看出,在第 1 个 $\frac{T}{4}$ 和第 3 个 $\frac{T}{4}$ 内,u 与 i 反向,p 为负值,即电容元件释放能量,但在第 2 个 $\frac{T}{4}$ 和第 4 个 $\frac{T}{4}$ 内,u 与 i 同方向,p 为正值,即电容吸收能量,由曲线的对称性知,吸收的能量与释放的能量相同,故它是储能元件。

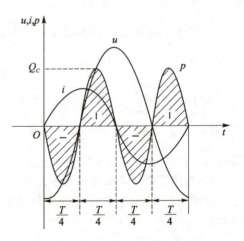

图 5-11 电容功率的波形图

同理,电容的平均功率为零,电容的无功功率为

$$Q_C = -UI = -I^2 X_C = -\frac{U^2}{X_C}$$

容性无功功率为负值,表明它与电感转换能量的过程相反,电感吸收能量的同时,电容释放能量,反之亦然。

4. 电容元件的储能

已知电容电流为

$$i = C \frac{\mathrm{d}u}{\mathrm{d}t}$$

电容元件吸收的瞬时功率为

$$p = ui = Cu \frac{\mathrm{d}u}{\mathrm{d}t}$$

电容电压从零上升到某一值时,电源供给的能量就储存在电场中,其能量为

$$W_C = \int_0^t ui\,\mathrm{d}t = \int_0^u Cu\,\mathrm{d}u = \frac{1}{2}Cu^2$$

所以电场能量

$$W_C = \frac{1}{2}Cu^2$$

式中,C、u 的单位分别为法拉(F)、伏特(V),则 W_C 的单位为焦耳(J)。

【例 5-8】 在电容为 318 μF 的电容器两端加电压 $u = 220\sqrt{2}\sin(314t + 120°)$ V,试计算电容的电流及无功功率。

解:因为 $\dot{U} = 220\angle 120°$ V,容抗

$$X_C = \frac{1}{\omega C} = \frac{1}{314 \times 318 \times 10^{-6}} \ \Omega = 10 \ \Omega$$

所以

$$\dot{I}_C = \frac{\dot{U}}{-\mathrm{j}X_C} = \frac{220\angle 120°}{10\angle -90°} = 22\angle -150° \ \mathrm{A}$$

电容电流

$$i = 22\sqrt{2}\sin(314t - 150°) \ \mathrm{A}$$

电容的无功功率

$$Q_C = -UI = -22 \ \mathrm{A} \times 220 \ \mathrm{V} = -4\ 840 \ \mathrm{var} = -4.84 \ \mathrm{kvar}$$

5.2.4 电感与电容的连接

1. 电容的连接

(1) 电容的并联

在实际中,考虑到电容器的容量及耐压,常需要将电容器串联或并联起来使用。

电容量为 C_1, C_2, C_3 的三个电容元件并联,如图 5-12(a)所示。设端口电压为 u,由 KVL 定律可知,每个电容的电压都为 u,它们所充的电荷量为

$$q_1 = C_1 u, \quad q_2 = C_2 u, \quad q_3 = C_3 u$$

它们所充的总电荷量为

$$q = q_1 + q_2 + q_3 = (C_1 + C_2 + C_3) u$$

故,并联电容的等效电容为

$$C = \frac{q}{u} = C_1 + C_2 + C_3$$

即并联电容的等效电容等于各个电容之和,如图 5-12(b)所示。当电容器的耐压符合要求而容量不足时,可将多个电容并联起来得到较大的电容量。

(2) 电容串联

图 5-13(a)所示为 C_1, C_2, C_3 三个电容元件串联的情况。设端口电压为 u,与外部相连的两个极板充有等量异号的电荷量 q,中间各极板因静电感应而出现等量异号的感应电荷。每个电容器的电荷量均为 q,每个电容的电压分别为

$$u_1 = \frac{q}{C_1}, \quad u_2 = \frac{q}{C_2}, \quad u_3 = \frac{q}{C_3}$$

$$u = u_1 + u_2 + u_3 = \left(\frac{1}{C_1} + \frac{1}{C_2} + \frac{1}{C_3} \right) q$$

解得串联电容的等效电容的倒数等于并联各电容倒数之和。等效电容如图 5-13(b)所示,即

$$\frac{1}{C} = \frac{1}{C_1} + \frac{1}{C_2} + \frac{1}{C_3}$$

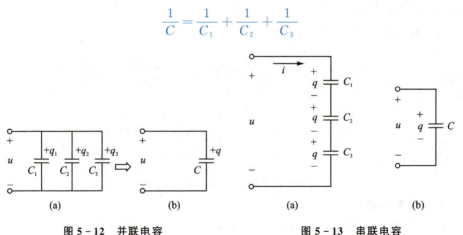

图 5-12 并联电容　　　　图 5-13 串联电容

所以,串联电容的等效电容小于每个电容,而每个电容的电压都小于端电压。电容 C_1,其耐压值为 V_1,电容 C_2,其耐压为 V_2,(设 $C_1 > C_2$),将 C_1, C_2 串联,由上式可知,电容量小的电容分得的电压大,所以先考虑 C_2 的耐压,若初 C_1, C_2 两端所加的最高电压为 u,由于 q 相等,则

$$C_1(u-V_2)=C_1V_2$$

$$u=\left(1+\frac{C_1}{C_2}\right)V_2$$

当电容器的容量和耐压都不足时,可将一些电容器既有并联又有串联。

【例 5-9】 耐压为 250 V、容量为 0.3 μF 的三个电容器 C_1、C_2、C_3 连接如图 5-14 所示。求等效电容,并求端口电压不能超过多少?

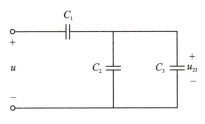

图 5-14 例 5-9 图

解:C_2 和 C_3 并联,等效电容为

$$C_{23}=C_2+C_3=(0.3+0.3)\mu F=0.6\ \mu F$$

由于 C_1 与 C_{23} 串联,电路的等效电容为

$$C=\frac{C_1C_{23}}{C_1+C_{23}}=\frac{0.3\times 0.6}{0.3+0.6}\mu F=0.2\ \mu F$$

C 小于 C_{23},$u_1 > u_{23}$,应保证 u_1 不超过其耐压 250 V。

当 $u_1=250$ V 时

$$u_{23}=\frac{C_1}{C_{23}}u_1=\frac{0.3\ \mu F}{0.6\ \mu F}\times 25\ V=125\ V$$

端口电压不能超过

$$u=u_1+u_{23}=(250+125)V=375\ V$$

2. 无互感电感的连接

图 5-15(a)所示为电感串联电路,各电压电流参考方向关联。

由电感元件的电压、电流关系可得

$$u_1=L_1\frac{di}{dt},\quad u_2=L_2\frac{di}{dt},\quad u_3=L_3\frac{di}{dt}$$

由 KVL 得端口电压为

$$u=u_1+u_2+u_3=(L_1+L_2+L_3)\frac{di}{dt}=L\frac{di}{dt}$$

即<u>电感串联后的等效电感为各串联电感之和</u>,等效电感如图 5-15(b)所示,即

$$L=L_1+L_2+L_3$$

电感并联电路如图 5-16(a)所示,利用电感元件上电压、电流的积分关系可得,电感并联电路等效电感的倒数等于并联各电感倒数之和,等效电感如图 5-16(b)所

示,即

$$\frac{1}{L} = \frac{1}{L_1} + \frac{1}{L_2} + \frac{1}{L_3}$$

由上式可知,电感并联的等效电感的倒数等于并联各电感倒数之和。

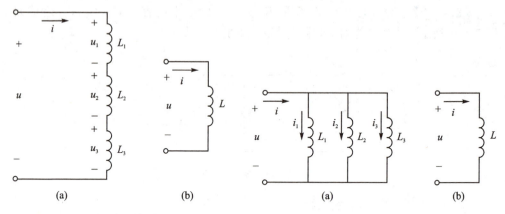

图 5-15　电感串联电路　　　　　图 5-16　电感并联电路

> **想一想**
>
> 1. 电阻可以忽略不计,电感为 10 mH 的线圈,接在 220 V、5 kHz 的交流电源上,线圈的感抗是多大？线圈的电流是多少？
>
> 2. 容量为 0.1 V 的电容元件所加电压为 $u=(4\sin 100t)$ V,u 和 i 为关联方向,试写出通过电容的电流的瞬时值表达式。

5.3　用向量法分析正弦交流电路

概要导览

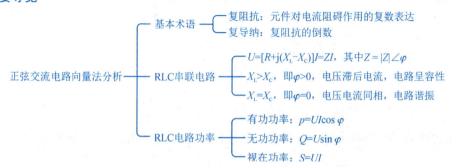

只要把正弦交流电路用向量模型表示,就可像分析直流电路那样来分析计算正弦交流电路,这样的方法称为向量法。其一般步骤如下:

① 画出向量模型图,将电路中的电压、电流都写成向量形式,每个元件或无源二端网络都用复阻抗或复导纳表示。
② 应用电路相关的定律、定理、分析方法进行计算,得出正弦量的向量值。
③ 写出正弦量的瞬时值表达式。

5.3.1 复阻抗与复导纳

1. 复阻抗

把电路中所有元件对电流的阻碍作用用复数形式体现,称之为复阻抗,单位为欧姆(Ω)。复阻抗又可定义为

$$Z = \frac{\dot{U}}{\dot{I}}$$

根据以上定义可知,单个元件 R、L、C 的复阻抗分别为

$$Z_R = R$$
$$Z_L = j\omega L = jX_L$$
$$Z_C = -j\frac{1}{\omega C} = -jX_C$$

其中,R 称为电阻,X_L 称为感抗,X_C 称为容抗。

Z 虽然是复数,但它并不表示正弦量,故不能用向量表示复阻抗(即 Z 的上面不能加小点)。由于 Z 为复数,因此它可写成代数式和极坐标式,即

$$Z = R + jX = |Z| \angle \varphi$$

那么电阻 R、电抗 X、阻抗 $|Z|$ 和阻抗角 φ 之间的关系为

$$R = |Z| \cos \varphi$$
$$X = |Z| \sin \varphi$$
$$|Z| = \sqrt{R^2 + X^2}$$
$$\varphi = \arctan \frac{X}{R}$$

阻抗三角形如图 5-17 所示,从阻抗三角形中可进一步证明上述各关系式。

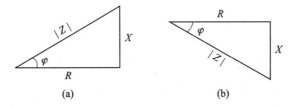

图 5-17 阻抗三角形

2. 复导纳

复阻抗的倒数称为复导纳,用大写字母 Y 表示,即

$$Y = \frac{1}{Z} = \frac{\dot{I}}{\dot{U}}$$

复导纳的单位为西门子(S)。

根据以上定义可知，单个元件 R、L、C 的复导纳分别为

$$Y_G = \frac{1}{R} = G$$

$$Y_L = \frac{1}{jX_L} = -j\frac{1}{X_L} = -j\frac{1}{\omega L} = -jB_L$$

$$Y_C = \frac{1}{-jX_C} = j\frac{1}{X_C} = j\omega C = jB_C$$

式中，G 称为电导，B_L 称为感纳，B_C 称为容纳。

由于 Y 是复数，因此它可表示成代数式和极坐标式，即

$$Y = G + jB = |Y| \angle \varphi'$$

式中，G 称为电导，B 称为电纳，$|Y|$ 称为导纳，φ' 称为导纳角，则各量之间的关系如下：

$$G = |Y| \cos \varphi'$$

$$B = |Y| \sin \varphi'$$

$$|Y| = \sqrt{G^2 + B^2}$$

$$\varphi' = \arctan \frac{B}{G}$$

由上述关系式也可以导出导纳三角形。

3. 复阻抗与复导纳的关系

$$Z = \frac{\dot{U}}{\dot{I}} = |Z| \angle \varphi = R + jX$$

$$Y = \frac{\dot{I}}{\dot{U}} = |Y| \angle \varphi' = G + jB$$

在同一电路中，由复导纳的定义可知

$$Y = \frac{1}{Z}$$

于是有

$$|Y| = \frac{1}{|Z|}$$

$$\varphi' = \varphi$$

又因为

$$Y = \frac{1}{Z} = \frac{1}{R + jX} = \frac{R - jX}{R^2 + X^2} = \frac{R}{|Z|^2} - j\frac{X}{|Z|^2} = G + jB$$

所以

$$G = \frac{R}{|Z|^2} = \frac{R}{R^2 + X^2}$$

$$B = -\frac{X}{|Z|^2} = -\frac{X}{R^2 + X^2}$$

多个复阻抗连接时，等效复阻抗的运算类似于等效电阻的运算。即，复阻抗串联其等效复阻抗等于各个串联复阻抗之和（$Z = Z_1 + Z_2 + \cdots$）；复阻抗并联其等效复阻抗的倒数等于各个并联等阻抗倒数之和$\left(\frac{1}{Z} = \frac{1}{Z_1} + \frac{1}{Z_2} + \cdots\right)$。复阻抗串联，分压公式仍然成立 $\left(\dot{U}_1 = \frac{Z_1 \dot{U}}{Z_1 + Z_2}, \dot{U}_2 = \frac{Z_2 \dot{U}}{Z_1 + Z_2}\right)$；复阻抗并联，分流公式仍然成立 $\left(\dot{I}_1 = \frac{Z_2 \dot{I}}{Z_1 + Z_2}, \dot{I}_2 = \frac{Z_1 \dot{I}}{Z_1 + Z_2}\right)$。

【例 5-10】 电路中 $Z_1 = 6 + j9 \ \Omega, Z_2 = 2.66 - j4 \ \Omega$，它们串联连接在 $\dot{U} = 220\angle 30°$ V 的电源上，试由向量法计算电路中的电流和各阻抗上的电压。

解： 由于阻抗串联，有

$$Z = Z_1 + Z_2 = (6 + j9 + 2.66 - j4)\Omega = (8.66 + j5)\Omega = 10\angle 30° \ \Omega$$

所以

$$\dot{I} = \frac{\dot{U}}{Z} = \frac{220\angle 30°}{10\angle 30°} = 22 \ \text{A}$$

各阻抗的电压分别为

$$\dot{U}_1 = \dot{I} Z_1 = 22(6 + j9) \ \text{V} = 237.97\angle 56.3° \ \text{V}$$

$$\dot{U}_2 = \dot{I} Z_2 = 22(2.66 - j4) \ \text{V} = 105.68\angle -56.4° \ \text{V}$$

5.3.2 基尔霍夫定律的向量形式

1. 基尔霍夫电流定律的向量形式

在交流电路中，基尔霍夫电流定律的表达式为

$$\sum i = 0$$

正弦交流电路中各电流都是与电源同频率的正弦量，所以流入或流出任一结点所有电流向量的代数和也等于零，即

$$\sum \dot{I} = 0$$

这就是基尔霍夫电流定律（KCL）的向量形式。

在 Multisim 仿真软件中建立如图 5-18 所示的仿真电路。打开仿真开关，用串接在各元件的电流表进行仿真测量，分别测出电阻 R、电感 L、电容 C 流过的电流值。根据测试的结果来验证基尔霍夫电流定律向量形式。

由测量的结果可知

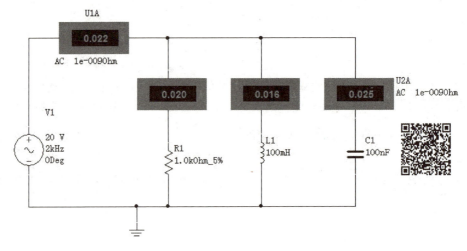

图 5-18 仿真电路图

$$I \neq I_R + I_L + I_C$$

2. 基尔霍夫电压定律的向量形式

在交流电路中,基尔霍夫电压定律的表达式为

$$\sum u = 0$$

在正弦交流电路中,各段电压都是同频率的正弦量,所以任一个回路中各段电压向量的代数和也等于零,即

$$\sum \dot{U} = 0$$

这就是基尔霍夫电压定律(KVL)的向量形式。

在 Multisim 仿真软件中建立如图 5-19 所示的仿真电路图。打开仿真开关,用并接在各元件两端的电压表进行仿真测量,分别测出电阻 R、电感 L、电容 C 两端的电压值。根据测试的结果来验证基尔霍夫电压定律的向量形式。

由测量的结果可知

$$U \neq U_R + U_L + U_C$$

【例 5-11】 如图 5-20(a)、(b)所示电路中,已知电流表 A_1、A_2、A_3 都是 10A,求电路中电流表 A 的读数,并利用 Multisim 仿真软件进行仿真验证。

解:设端电压 $\dot{U} = U \angle 0°$ V

(1) 选定电流的参考方向如图 5-20(a)所示,则

$$\dot{I}_1 = 10 \angle -90° \text{ A}, \quad \dot{I}_2 = 10 \angle 0° \text{ A}$$

由 KCL 有 $\dot{I} = \dot{I}_1 + \dot{I}_2 = 10 \angle 0°$ A $+ 10 \angle -90°$ A $= (10 - 10j)$ A $= 10\sqrt{2} \angle -45°$ A,

进而得电流表 A 的读数为 $10\sqrt{2}$ A。

注意:与直流电路不同,总电流并不是 20 A。

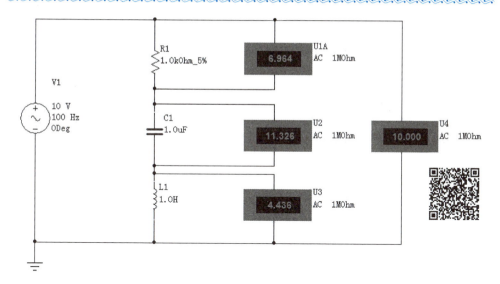

图 5 - 19 仿真电路图

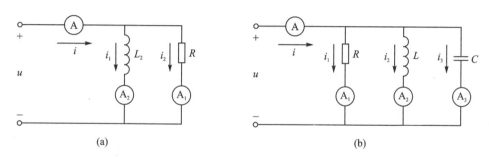

图 5 - 20 例 5 - 11 图

(2) 选定电流参考方向如图 5 - 20(b)所示,则

$$\dot{I}_1 = 10\angle 0° \text{ A}, \quad \dot{I}_2 = 10\angle -90° \text{ A}, \quad \dot{I}_3 = 10\angle 90° \text{ A}$$

由 KCL 有

$$\dot{I} = \dot{I}_1 + \dot{I}_2 + \dot{I}_3 = 10\angle 0° \text{ A} + 10\angle -90° \text{ A} + 10\angle 90° \text{ A} = (10 - j10 + j10) \text{ A} = 10 \text{ A}$$

故电流表 A 的读数为 10 A。

【例 5 - 12】 如图 5 - 21(a)、(b)所示电路中,已知电压表 V_1、V_2、V_3 都是 50 V,求电路中电压表 V 的读数,并利用 Multisim 仿真软件进行仿真验证。

解:设电流为参考向量,即 $\dot{I} = I\angle 0°$ A。

(a) 选定 i、u_1、u_2、u 的参考方向如图 5 - 21(a)所示,则

$$\dot{U}_1 = 50\angle 0° \text{ V}, \quad \dot{U}_2 = 50\angle 90° \text{ V}$$

由 KVL 可得

$$\dot{U} = \dot{U}_1 + \dot{U}_2 = 50\angle 0° + 50\angle 90° = 50 + j50 = 50\sqrt{2}\angle 45°$$

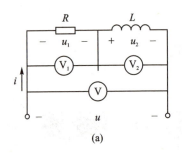
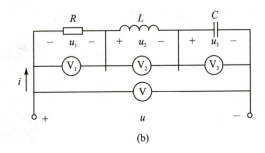

(a)   (b)

图 5-21 例 5-12 图

所以电压表 V 的读数为 $50\sqrt{2}$ V。

(b) 选定 i、u_1、u_2、u_3、u 的参考方向如图 5-21(b)所示,则

$$\dot{U}_1 = 50\angle 0° \text{ V}, \quad \dot{U}_2 = 50\angle 90° \text{ V}, \quad \dot{U}_3 = 50\angle -90° \text{ V}$$

由 KVL 可得

$$\dot{U} = \dot{U}_1 + \dot{U}_2 + \dot{U}_3 = 50\angle 0° + 50\angle 90° + 50\angle -90° = 50 + j50 - j50 = 50 \text{ V}$$

所以电压表 V 的读数为 50 V。

5.3.3 RLC 串联的交流电路

1. 电压、电流与阻抗

在 RLC 串联电路图 5-22 中,设电流 $i = I_m \sin \omega t$ 为参考正弦量,其向量为

$$\dot{I} = I\angle 0°$$

根据 KVL,则端口总电压为

$$u = u_R + u_L + u_C$$

对应的向量式为

$$\dot{U} = \dot{U}_R + \dot{U}_L + \dot{U}_C$$

由于单一参数的电流、电压关系为

$$\dot{U}_R = R\dot{I}$$

$$\dot{U}_L = jX_L\dot{I}$$

$$\dot{U}_C = -jX_C\dot{I}$$

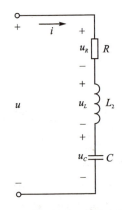

图 5-22 RLC 串联电路

所以,电压为

$$\dot{U} = [R + j(X_L - X_C)]\dot{I} = Z\dot{I}$$

式中,$Z = |Z|\angle \varphi$,其中 $|Z|$ 称为复阻抗的阻抗值,φ 为阻抗角。**复阻抗是对电路中电阻和电抗共同作用的描述,复阻抗可以反映交流电路中的电压电流关系。**

复阻抗定义为电压向量与电流向量之比,即

其中

$$Z = \frac{\dot{U}}{\dot{I}} = \frac{U}{I} \angle \varphi_u - \varphi_i$$

其中

$$|Z| = \frac{U}{I}$$

$$\varphi = \varphi_u - \varphi_i$$

而

$$Z = R + \mathrm{j}(X_L - X_C) = R + \mathrm{j}X$$

其中

$$|Z| = \sqrt{R^2 + X^2}$$

$$\varphi = \angle \arctan \frac{X}{R}$$

式中,R 是电阻,$X = X_L - X_C$ 是电抗。电阻、电抗及阻抗的单位均为欧姆(Ω)。

阻抗角 φ 是判断电路性质的重要元素,当 $X_L > X_C$ 时,$\varphi > 0$ 表示电压超前电流,电路呈感性;当 $X_L < X_C$ 时,$\varphi < 0$ 表示电压滞后电流,电路呈容性;当 $X_L = X_C$ 时,$\varphi = 0$ 表示电压与电流同相,电路呈纯阻性,该电路发生谐振。图 5-23（a）、（b）和（c）分别绘出了电路呈电感性、呈电容性和呈电阻性时的向量图。

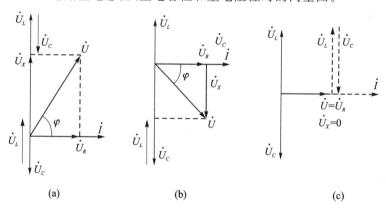

图 5-23　RLC 串联电路

2. 功　率

在 RLC 串联电路中,$i = I_\mathrm{m} \sin \omega t$,$u = u_\mathrm{m} \sin(\omega t + \varphi_u)$,其瞬时功率

$$p = ui = I_\mathrm{m} \sin(\omega t + \varphi) \sin \omega t$$
$$= UI \cos \varphi - UI \cos(2\omega t + \varphi)$$

从 RLC 串联电路推出有功功率、无功功率和视在功率的计算式为

$$p = UI \cos \varphi$$
$$Q = UI \sin \varphi$$
$$S = UI$$

以上三式是正弦交流电路功率的一般公式，也是功率三角形的三个边，功率三角形如图 5-24 所示。

注意：有功功率 P 单位为瓦特（W），无功功率 Q 单位为乏（var），视在功率 S 的单位为伏安（V·A）。视在功率也称功率容量，如变压器的功率容量就是以额定电压和额定电流的乘积来表示的，即 $S_N = U_N I_N$。

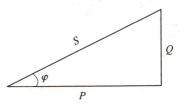

图 5-24　功率三角形

【例 5-12】 电阻、电感和电容相串联的电路中，已知 $R=30\ \Omega$，$L=127\ \text{mH}$，$C=40\ \mu\text{F}$，电源电压 $u=220\sqrt{2}\sin(314t-10°)\text{V}$，试求：

(1) 电路的复阻抗 Z；

(2) 电流 i；

(3) u_R、u_L、u_C；

(4) 有功功率 P、无功功率 Q、视在功率 S。

解：(1) 感抗及容抗为

$$X_L = \omega L = 314 \times 127 \times 10^{-3}\ \Omega = 40\ \Omega$$

$$X_C = \frac{1}{\omega C} = \frac{1}{314 \times 40 \times 10^{-6}}\ \Omega = 80\ \Omega$$

电路的复阻抗为

$$Z = R + jX_L - jX_C = (30 + j40 - j80)\Omega$$
$$= (30 - j40)\Omega = 50\angle -53.1°\ \Omega$$

(2) 电压 $\dot{U} = 220\angle -10°\ \text{V}$

所以

$$\dot{I} = \frac{\dot{U}}{Z} = \frac{220\angle -10°}{50\angle -53.1°}\ \text{A} = 4.4\angle 43.1°\ \text{A}$$

电流的瞬时值表达式为

$$i = 4.4\sqrt{2}\sin(314t + 43.1°)\text{A}$$

(3) 各元件上的电压为

$$\dot{U}_R = \dot{I}R = 4.4\angle 43.1° \times 30\ \text{V} = 132\angle 43.1°\ \text{V}$$

$$\dot{U}_L = j\dot{I}X_L = 4.4\angle 43.1° \times 40\angle 90°\ \text{V} = 176\angle 133.1\ \text{V}$$

$$\dot{U}_C = -j\dot{I}X_C = 4.4\angle 43.1° \times 80\angle -90°\ \text{V} = 352\angle -46.9°\ \text{V}$$

电阻、电感、电容元件上的电压瞬时值分别为

$$u_R = 132\sqrt{2}\sin(314t + 43.1°)\text{V}$$

$$u_L = 176\sqrt{2}\sin(314t + 133.1°)\text{V}$$

$$u_C = 352\sqrt{2}\sin(314t - 46.9°)\text{V}$$

(4) 电路的功率为

有功功率：
$$P = UI\cos\varphi = 220 \times 4.4 \times \cos(-53.1°) \text{ W} = 580.9 \text{ W}$$

无功功率：
$$Q = UI\sin\varphi = 220 \times 4.4 \times \sin(-53.1°) \text{ var} = 774.1 \text{ var}$$

视在功率：
$$S = UI = 220 \times 4.4 \text{ V} \cdot \text{A} = 968 \text{ V} \cdot \text{A}$$

【例 5-13】 图 5-25 所示电路中,已知 $R_1 = 100 \text{ Ω}, R_2 = 100 \text{ Ω}, R_3 = 50 \text{ Ω}$, $C_1 = 10 \text{ μF}, L_3 = 50 \text{ mH}, U = 100 \text{ V}, \omega = 1\,000 \text{ rad/s}$,求各支路电流。

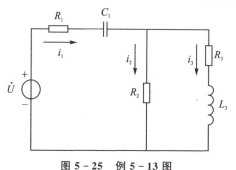

图 5-25 例 5-13 图

解: 由已知条件可得

$$X_{C1} = \frac{1}{\omega C_1} = \frac{1}{1\,000 \times 10 \times 10^{-6}} \text{ Ω} = 100 \text{ Ω}$$

$$X_{L3} = \omega L_3 = 1\,000 \times 50 \times 10^{-3} \text{ Ω} = 50 \text{ Ω}$$

电路的等效复阻抗为

$$Z = R_1 - jX_{C1} + \frac{R_2(R_3 + jX_{L3})}{R_2 + R_3 + jX_{L3}}$$

$$= \left[100 - j100 + \frac{100(50 + j50)}{100 + 50 + j50}\right] \text{ Ω}$$

$$= (140 - j80) \text{ Ω}$$

$$= 161.2\angle -29.7° \text{ Ω}$$

设 $\dot{U} = 100\angle 0°$ V,则

$$\dot{I}_1 = \frac{\dot{U}}{Z} = \frac{100\angle 0°}{161.2\angle -29.7°} \text{ A} = 0.62\angle 29.7° \text{ A}$$

$$\dot{I}_2 = \dot{I}_1 \frac{R_3 + jX_{L3}}{R_2 + R_3 + jX_{L3}}$$

$$= 0.62\angle 29.7° \times \frac{50 + j50}{100 + 50 + j50} \text{ a}$$

$$= 0.62\angle 29.7° \times 0.447\angle 26.6° \text{ A}$$

$$= 0.28 \angle 56.3° \text{ A}$$
$$\dot{I}_3 = \dot{I}_1 - \dot{I}_2 = (0.62 \angle 29.7° - 0.28 \angle 56.3°) \text{ A}$$
$$= (0.538 + \text{j}0.307 - 0.155 - \text{j}0.233) \text{ A}$$
$$= (0.383 + \text{j}0.074) \text{ A} = 0.39 \angle 10.9° \text{ A}$$

5.4 功率因数的提高

概要导览

功率因数定义为

$$\lambda = \cos \varphi = \frac{P}{S}$$

功率因数介于 0 和 1 之间。当功率因数不等于 1 时,电路中发生能量交换,出现无功功率。无功功率越大,有功功率就越小,发电设备的容量不能充分地利用。

在工厂企业中大量使用电动机、日光灯、接触器等电感性负载。而这些电感性负载大量地占用供电电源的无功功率,虽然无功功率并没有被消耗掉,但这部分功率也无法供给其他用户使用。为了提高供电电源的效能,供电部门对无功功率的占用量加以限制。这也就提出了如何提高功率因数的问题。

提高功率因数,常用的方法是与感性负载并联电容器,其电路图和向量图如图 5-26 所示。

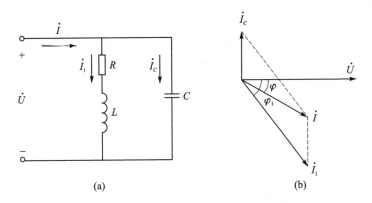

图 5-26 电感性负载并联电容提高功率因数

从向量图上可以看出,感性负载的两端并联适当的电容,可以使电压和电流的相位差 φ 减小,功率因数提高,同时线路电流由 I_1 减小为 I。

由向量图可知

$$I_C = I_1 \sin \varphi_1 - I \sin \varphi$$

又有
$$I_C = \frac{U}{X_C} = U\omega C = I_1 \sin\varphi_1 - I\sin\varphi$$

补偿前后 P、U 不变,有
$$I_1 = \frac{P}{U\cos\varphi_1} \qquad I = \frac{P}{U\cos\varphi}$$

$$U\omega C = \frac{P}{U\cos\varphi_1}\sin\varphi_1 - \frac{P}{U\cos\varphi}\sin\varphi$$

可导出所需并联电容 C 的计算公式为
$$C = \frac{P}{\omega U^2}(\tan\varphi_1 - \tan\varphi)$$

需要注意的是:这里所讨论的提高功率因数是指提高电源或电网的功率因数,而某个电感性负载的功率因数并没有变。

在感性负载上并联了电容器以后,减少了电源与负载之间的能量交换,这时,电感性负载 所需要的无功功率,大部分或全部是就地供给(由电容器供给),也就是说,能量的交换现在主要或完全发生在电感性负载与电容器之间,因而使发电机容量能得到充分利用。其次,由向量图知,并联电容器以后线路电流也减小了,因而减小了线路的功率损耗。还需注意的是,采用并联电容器的方法电路有功功率未改变,因为电容器是不消耗电能的,负载的工作状态不受影响,因此该方法在实际中得到了广泛应用。

【例 5-14】 图 5-27 所示为某日光灯装置等效电路,已知 $P=40$ W,$U=220$ V,$I=0.4$ A,$f=50$ Hz,求:

(1) 此日光灯的功率因数;

(2) 若要把功率因数提高到 0.9,需补偿的电容量 C 各为多少?

解:(1) 因为
$$P = UI\cos\varphi$$

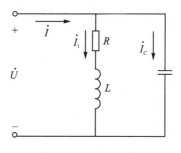

图 5-27 例 5-14 图

所以
$$\cos\varphi = \frac{P}{UI} = \frac{40\text{ W}}{220\text{ V}\times 0.4\text{ A}} = 0.455$$

(2) 由 $\cos\varphi_1 = 0.455$ 得 $\varphi_1 = 63°$,$\tan\varphi_1 = 1.96$。由 $\cos\varphi_2 = 0.9$ 得 $\varphi_2 = 26°$,$\tan\varphi_2 = 0.487$。利用公式 $C = \frac{P}{\omega U^2}(\tan\varphi_1 - \tan\varphi)$,可得

$$C = \frac{40\times(1.96 - 0.487)}{2\times 3.14\times 220^2}\text{ F} = 3.88\times 10^{-6}\text{ F} = 3.88\ \mu\text{F}$$

> **思一思**
> 提高功率因数,是否意味着负载消耗的功率降低了?

5.5 谐振电路

概要导览

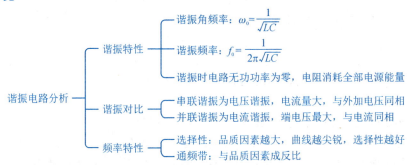

谐振是正弦电路中可能发生的一种特殊现象。由于回路在谐振状态下呈现某些特征,因此在工程中特别是电子技术中有着广泛的应用,如收音机、电视机、手机等电子设备经常用到谐振电路来选择信号,但在电力系统中却常要加以防止。

在含有电阻、电感和电容的二端网络中,若出现端口电流与电压同相的情况,则整个电路呈纯电阻性,这种现象称为谐振现象,处于谐振状态的电路称为谐振电路。谐振电路包括串联谐振电路和并联谐振电路。

5.5.1 串联谐振电路

1. 串联电路的谐振条件与谐振频率

如图 5-28 所示的 RLC 串联电路中,有

$$Z = R + jX = R + j(X_L - X_C)$$

$$\dot{U}_S = \dot{I}Z$$

由谐振的概念可知,若使串联电路发生谐振,则 $Z=R$,即 $X=0$。

RLC 串联电路谐振的条件为

$$XL = XC \quad 或 \quad \omega L = \frac{1}{\omega C}$$

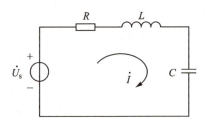

图 5-28 RLC 串联电路

调整 ω、L、C 任意一个参数可使电路发生谐振,该过程称为调谐。在电路参数 L 和 C 一定时,调节电源激励的频率,使电路发生谐振,此时的角频率称为谐振角频率,用 ω_0 表示,则有

$$\omega_0 = \frac{1}{\sqrt{LC}}$$

相应的谐振频率为

$$f_0 = \frac{1}{2\pi\sqrt{LC}}$$

显然,谐振频率仅与电路参数 L、C 有关,与电阻值 R 无关。

【例 5 - 15】 某个收音机串联谐振电路中,$C=150$ pF,$L=250$ μH,求该电路发生谐振的频率。

解:因为 $\omega_0 = \frac{1}{\sqrt{LC}}$,即

$$\omega_0 = \frac{1}{\sqrt{150 \times 10^{-12} \times 250 \times 10^{-6}}}$$

$$= 5.16 \times 10^6 \text{ rad/s}$$

所以

$$f_0 = \frac{\omega_0}{2\pi} = \frac{5.16 \times 10^6}{2 \times 3.14} = 820 \text{ kHz}$$

【例 5 - 16】 RLC 串联电路中,已知 $L=500$ μH,$R=10$ Ω,$f=1\,000$ kHz,C 在 12~290 pF 间可调,求 C 调到何值时电路发生谐振?

解:因为 $C = \frac{1}{\omega^2 L}$,即

$$C = \frac{1}{(2\pi \times 1\,000 \times 10^3)^2 \times 500 \times 10^{-6}} \text{ pF} = 50.7 \text{ pF}$$

所以,当 C 调到 50.7 pF 时电路发生谐振。

2. 串联谐振电路的基本特征

① 谐振时,电路阻抗最小且为纯电阻。因为串联电路阻抗 $|Z| = \sqrt{R^2 + X^2}$,谐振时,$X = XL - XC = 0$,所以 $|Z| = R$ 为最小值,即 $Z_0 = R$。

② 谐振时,电路的电抗为零,感抗与容抗相等并等于电路的特性阻抗,即

$$\omega_0 L = \frac{1}{\omega_0 C} = \sqrt{\frac{L}{C}} = \rho$$

ρ 称为电路的特性阻抗,单位为 Ω。它由电路的参数 L、C 决定,是衡量电路特性的重要参数。

③ 谐振时,电路中的电流最大,且与外加电压同相。当电源电压一定时,谐振阻抗最小,则

$$I = \frac{U_s}{|Z|} = \frac{U_s}{R} = I_0$$

④ 谐振时,电感电压与电容电压大小相等、相位相反。其大小为电源电压的 Q 倍。其电压关系为

$$U_{L0} = U_{C0} = I_0 X_L = I_0 X_C = I_0 \rho = \frac{U_s}{R}\rho = \frac{\rho}{R}U_s = QU_s$$

其中,$Q = \frac{\omega_0 L}{R} = \frac{1}{\omega_0 CR} = \frac{\rho}{R}$ 为谐振回路的品质因数,工程中常称为 Q 值。它是一个量纲为一的量。

由于 $U_{L0} = U_{C0} = QU_s$,如果 $Q \gg 1$,则电感电压和电容电压远远超过电源电压,因此,串联谐振又称电压谐振。

在无线电技术中,所传输的信号电压往往很微弱,为此常利用电压谐振现象获得较高的电压。而在电力系统中,电源电压本身就高,如若谐振,就会产生过高电压,损坏电气设备,甚至发生危险,因此应避免电路发生谐振,以保证设备和系统的安全运行。

⑤ 谐振时,电路的无功功率为零,电源供给的能量全部消耗在电阻上。

电路在发生谐振时,由于感抗等于容抗,所以感性无功功率与容性无功功率相等,电路的无功功率为零。这说明电感与电容之间有能量交换,而且达到完全补偿,不与电源进行能量交换,电源供给电路的能量,全部消耗在电阻上。

【例 5-17】 在 RLC 串联电路中,已知 $R = 9.4\ \Omega$,$L = 30\ \mu H$,$C = 211\ pF$,电源电压 $U = 0.1\ mV$。求电路发生谐振时的谐振频率 f_0,回路的特性阻抗 ρ 和品质因数 Q 及电容上的电压 U_{C0}。

解: 电路的谐振频率为

$$f_0 = \frac{1}{2\pi\sqrt{LC}} = \frac{1}{2\pi\sqrt{30 \times 10^{-6} \times 211 \times 10^{-12}}}\ Hz = 2\ MHz$$

回路的特性阻抗为

$$\rho = \sqrt{\frac{L}{C}} = \sqrt{\frac{30 \times 10^{-6}}{211 \times 10^{-12}}}\ \Omega = 377\ \Omega$$

电路的品质因数为

$$Q = \frac{\rho}{R} = \frac{377}{9.4} = 40$$

电容电压为

$$U_{C0} = QU = 40 \times 0.1\ mV = 4\ mV$$

5.5.2 并联谐振电路

1. 并联电路的谐振条件与谐振频率

在图 5-29 所示的 RLC 并联电路中,有

$$Y = G + jB = G + j\left(\omega C - \frac{1}{\omega L}\right)$$

导纳的虚部为零,即 $B = 0, \omega C = \frac{1}{\omega L}$,端口电压与电流同相,电路呈纯电阻性,

这时电路发生谐振。因此，RLC 并联电路发生并联谐振的条件为

$$\omega C = \frac{1}{\omega L}$$

谐振角频率为

$$\omega_0 = \frac{1}{\sqrt{LC}}$$

谐振频率为

$$f_0 = \frac{1}{2\pi\sqrt{LC}}$$

与串联谐振电路中的谐振频率相同，谐振频率也与电路参数 LC 有关，与电阻值 R 无关。

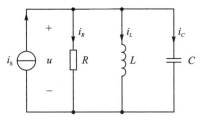

图 5-29　RLC 并联电路

2. 并联谐振电路的基本特征

① 谐振时，回路导纳最小/阻抗最大，且为纯电阻性。并联谐振时，由于 $B=0$，即

$$Y = G + jB = G$$

② 谐振时，当回路总电流保持不变时，并联电路端电压最大，且与电流同相。并联谐振时，因为 $Y=G$，在一定幅值的电流源作用下，电路的端电压就达到最大值，为 $\dot{U} = \dot{I}_S/G$。

③ 谐振时，电路的特性阻抗与串联谐振电路的特性阻抗一样，均为 $\rho = \sqrt{\dfrac{L}{C}}$。

④ 谐振时，电感支路电流与电容支路电流大小相等、相位相反，且为总电流的 Q 倍。即 $I_{L0} = I_{C0} = QI_S$，因此并联谐振又称电流谐振。

引入品质因数后，还可以推导出并联谐振阻抗与品质因数的关系为

$$Z_0 = \frac{L}{RC} = \frac{1}{R}\sqrt{\frac{L}{C}}\sqrt{\frac{L}{C}} = Q\sqrt{\frac{L}{C}} = Q\rho$$

5.5.3　谐振电路的频率特性

电路的频率特性有幅频特性和相频特性，幅频特性是指电路中的电压、电流、阻抗或导纳等各量的幅度随频率变化的关系，而相频特性则是指阻抗角或导纳角随频率变化的关系。其中表明电流或电压与频率的关系曲线，称为谐振曲线。

1. 串联谐振电路的频率特性

在 RLC 串联电路中，感抗和容抗会随电源频率的变化而改变，所以电路阻抗的模和阻抗角、电流、电压等各量都将随频率而变化，这种变化关系称为串联电路的频率特性曲线。

当 $\omega = \omega_0$，$X = 0$ 时，$|Z| = R$，呈纯电阻性。$|Z|$ 随 ω 的变化曲线呈凹形，且在 $\omega = \omega_0$ 时有最小值，如图 5-30(a) 所示。

在电源电压有效值不变的情况下,电流的频率特性为

$$I(\omega) = \frac{U}{|Z|} = \frac{U}{\sqrt{R^2 + \left(\omega L - \dfrac{1}{\omega C}\right)^2}}$$

其频率特性曲线或谐振曲线如图 5-30(b)所示。

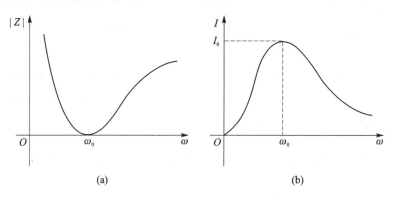

图 5-30 RLC 串联电路的 $|Z|$-ω 和 I-ω 曲线

从电流的谐振曲线(图 5-30(b))可以看出,当 $\omega = \omega_0$ 时,电流最大,$I_0 = \dfrac{U}{R}$。当 ω 偏离谐振频率时,电流下降,而且 ω 偏离 ω_0 越远,电流下降程度越大。它表明谐振电路对不同频率的信号有不同的响应。这种能把 ω_0 附近的电流突显出来的特性,称为选择性。因此串联谐振回路可以用作选频电路。

(1) 选择性

将 $Q = \dfrac{\omega_0 L}{R}$ 和 $\omega_0 = \dfrac{1}{\sqrt{LC}}$ 代入以下公式:

$$I(\omega) = \frac{U}{|Z|} = \frac{U}{\sqrt{R^2 + \left(\omega L - \dfrac{1}{\omega C}\right)^2}} = \frac{I_0}{\sqrt{1 + Q^2 \left(\dfrac{\omega}{\omega_0} - \dfrac{\omega_0}{\omega}\right)^2}}$$

工程上常把电流谐振曲线用归一化表示,即横坐标用 $\dfrac{\omega}{\omega_0}$ 表示,纵坐标用 $\dfrac{I}{I_0}$ 表示,得到通用电流谐振曲线公式,即

$$\frac{I}{I_0} = \frac{1}{\sqrt{1 + Q^2 \left(\dfrac{\omega}{\omega_0} - \dfrac{\omega_0}{\omega}\right)^2}}$$

图 5-31 所示为 $Q=1$、$Q=10$ 和 $Q=100$ 的三条通用电流谐振曲线,以便于比较。

由图可知,选择性与品质因数 Q 有关,品质因数 Q 越大,曲线越尖锐,选择性越好。因此,选用高 Q 值的电路有利于从众多频率的信号中选择出所需要的信号,并

且可以有效地抑制其他信号的干扰。

（2）通频带

一个实际信号往往不是一个单一频率，而是占有一定的频率范围，这个范围称为频带。例如，无线电调幅广播主要频段范围为 550～1 600 kHz，电视广播信号特高频段范围为 470～958 MHz。理想的电流谐振曲线应当是如图 5-32(a)所示的矩形曲线，即在信号频带内电流恒定，在信号频带

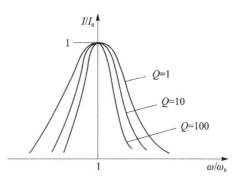

图 5-31 通用电流谐振曲线图

外电流为零，信号才能不失真地通过回路。然而，这种理想的谐振曲线是难以得到的，实际上只能设法将频率失真控制在允许的范围内。因此，一般将回路电流 $I=0.707I_0$ 的频率范围定义为该电路的通频带，用 BW 表示，如图 5-32(b)所示。

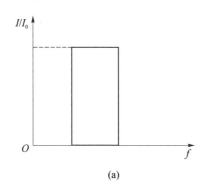
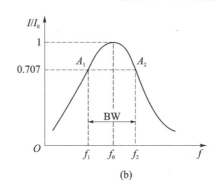

图 5-32 谐振电路的通频带

通频带的边界频率 f_1 和 f_2 分别称为上边界频率和下边界频率。通频带为

$$BW = f_2 - f_1 = \frac{f_o}{Q}$$

该式表明，通频带 BW 与品质因数 Q 成反比。Q 值越高，通频带越窄；反之，Q 值越低，通频带越宽。

利用 Multisim 仿真软件，仿真如图 5-33 所示 RLC 串联电路，按照电路中的参数进行设置，并用示波器和波特图仪观察并记录波形。

2. 并联谐振电路的频率特性

在晶体管电压调谐放大器中，并联谐振回路总是作为放大器的负载，而晶体管可视为内阻很大的实际电源。若假定实际电源的内阻 R_S 为无穷大，则信号源可用电流源表示。

通过对 RLC 并联电路的分析，可以得到通用电压谐振曲线公式，即

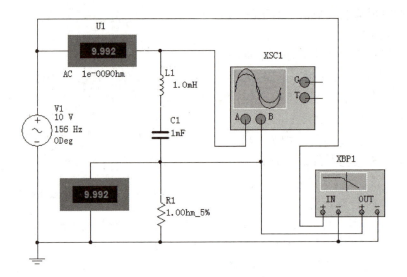

图 5-33 仿真电路图 4

$$\frac{U}{U_0} = \frac{1}{\sqrt{1+Q^2\left(\dfrac{\omega}{\omega_0}-\dfrac{\omega_0}{\omega}\right)^2}}$$

通用电压谐振曲线,它与串联谐振回路的通用电流谐振曲线形状相同。

对于并联谐振电流,电压 $U=0.707U_0$ 的频率范围称为该电路的通频带,表示形式与串联谐振电路的通频带相同,即 $BW=f_2-f_1=\dfrac{f_o}{Q}$。

5.5.4 谐振电路的应用

串联谐振回路在电子技术中的应用是很广泛的。例如,收音机的调谐回路、电视机的中频抑制回路等。下面举例说明。

1. 收音机的调谐回路

图 5-34 所示为收音机天线的调谐电路,线圈绕在磁棒上,两端与可变电容器 C 相接。调节可变电容,可以使调谐电路对某个电台信号发生谐振,以便收听此台的广播。以下用串联谐振的概念进行分析说明。

图 5-34 所示电路的等效谐振回路如图 5-35 所示。L 和 R 分别为线圈的等效电感和电阻,e_1、e_2、e_3 代表三个电台发出的电磁波在天线中感应出的电动势(实际上电台不止三个),它们的频率不同,还有强弱、远近之分,其感应电势的大小也有差别。

根据叠加原理,可以把图 5-35 分解为三个电路来处理,如图 5-36 所示。

设这三个电台的信号均在服务区内,即近似地视为其信号强弱相同。为了具体起见,再设感应电动势的有效值 $E=10\ \mu V$,三个电台的信号频率分别为 640 kHz、820 kHz、1 200 kHz,若电路谐振于 820 kHz,而电路的参数 $R=20\ \Omega$,$L=2.5\times10^{-4}$ H、

$C = 150 \times 10^{-12}$ F。经过对电路计算,现将有关电路数据列在表 5-1 中,以便比较。

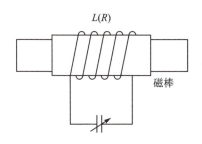
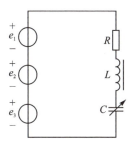

图 5-34　收音机天线的调谐电路　　图 5-35　等效谐振回路

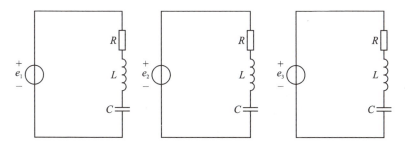

图 5-36　调谐回路的分解电路

表 5-1　电路计算数据表

f/kHz	640	820	1 200
$\omega = 2\pi f/(\text{rad} \cdot \text{s}^{-1})$	$\omega_1 = 4.0 \times 10^6$	$\omega_0 = 5.15 \times 10^6$	$\omega_2 = 7.55 \times 10^6$
$\omega L/\Omega$	1 000	1 290	1 890
$\dfrac{1}{\omega C}\Big/\Omega$	1 660	1 290	885
$X = \left(\omega L - \dfrac{1}{\omega C}\right)\Big/\Omega$	-660	0	1 005
$Z = \sqrt{R^2 + X^2}/\Omega$	662	20	1 005
$I = \dfrac{E}{Z} = \dfrac{10}{Z}\Big/\mu\text{V}$	$I_1 = 0.015$	$I_0 = 0.5$	$I_2 = 0.01$
$\dfrac{I}{I_0}$	$\dfrac{I_1}{I_0} = 3\%$	$\dfrac{I_0}{I_0} = 100\%$	$\dfrac{I_2}{I_0} = 2\%$

由表 5-1 可知,对于 820 kHz 信号,其电路的品质因数 $Q = \dfrac{\omega_0 L}{R} = \dfrac{1\ 290\ \Omega}{20\ \Omega} =$

64.5,而且电流 I_0 极大地超过其他两个频率信号,后者只是 I_0 的 2‰～3‰。可见,由于串联谐振电路的选频作用,820 kHz 信号突显出来,同时也抑制了其余频率的信号。

2. 并联谐振的应用

在电子电路中常用并联谐振回路滤除干扰频率,其作用原理如图 5－37 所示。若某个干扰信号频率等于并联回路谐振频率,则该回路对于这个干扰信号呈现出很大的阻抗,也就是说该并联谐振回路将抑制这个干扰信号,不让它进入接收机。

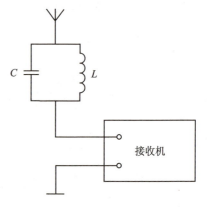

图 5－37　去除一个干扰频率

> **思一思**
>
> 1. 什么是谐振现象?串联电路的谐振条件是什么?其谐振频率和谐振角频率等于什么?
> 2. 串联谐振电路的基本特征是什么?为什么串联谐振也叫电压谐振?
> 3. 并联谐振电路的基本特征是什么?为什么并联谐振也叫电流谐振?
> 4. 什么是谐振曲线?谐振曲线的形状与 Q 值大小有何关系?
> 5. 谐振电路的选择性与通频带的关系如何?

习　题

5－1　如图 5－38 所示电路,已知 $u_S(t)=5\sqrt{2}\sin 3t$ V,试求 $i(t)$ 和 $i_C(t)$。

5－2　已知图 5－39 所示电路中,$\dot{U}=50\angle 53.1°$ V,$\dot{I}_2=1\angle 90°$ A,$\omega=5$ rad/s,求 r 和 L。

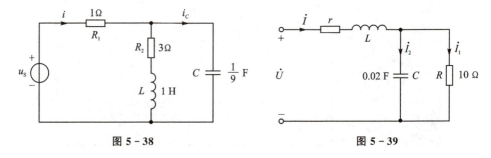

图 5－38　　　　　　　　　　　图 5－39

5－3　在图 5－40 所示电路中,已知 $R_1=3$ Ω,$R_2=6$ Ω,$L=1$ μH,$C=0.5$ μH,$U=10$ V,$\omega=10^6$ rad/s,试用向量法求 $\dot{U}_{ab}$。

5-4 用图 5-41 所示电路可以测量线圈的电阻 R 和其电感 L。当正弦电源频率 $f_1=50$ Hz 时，测得 $U_1=60$ V, $I_1=10$ A；当 $f_2=100$ Hz 时，测得 $U_2=60$ V, $I_2=6$ A。试求 R 和 L。

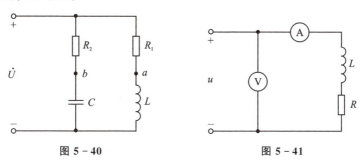

图 5-40　　　　　　　　　图 5-41

5-5 若将图 5-42(a)所示的 R、C 并联电路等效为图 5-42(b)所示的串联形式，求 R' 和 C'。设 $\omega=10^7$ rad/s, $R=100$ kΩ, $C=1$ μH。

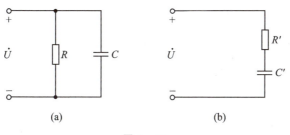

图 5-42

5-6 若将图 5-43(a)所示的 R、L 串联电路等效为图 5-43(b)所示的并联形式，问 R' 和 L' 为多少？若 $R=50$ Ω, $L=50$ μH, $\omega=10^6$ rad/s，问 R' 和 L' 各为何值？

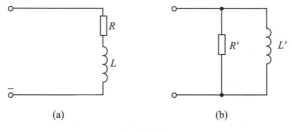

图 5-43

5-7 已知图 5-44 所示电路中，正弦信号源的角频率 $\omega=10^3$ rad/s。试问：
(1) 全电路呈电容性还是电感性？
(2) 若 C 可变，要使 $\dot U$ 和 $\dot I$ 同相，C 应为何值？

5-8 在图 5-45 所示电路中，若测得 $I=10$ A, $I_L=11$ A, $I_R=6$ A，求 I_C。

5-9 图 5-46 所示为某雷达显示器应用的移相电路。设 $\dot U_S=U_S\angle 0°$, $R=1/(\omega C)$，试证明电压 $\dot U_1, \dot U_2, \dot U_3, \dot U_4$（对地的电位）的幅度相等，相位依次差 $90°$。

5-10 图 5-47 所示电路中，R 为可变电阻，试求 $\dot{U}_{ab}$ 的大小和相位的变化规律。

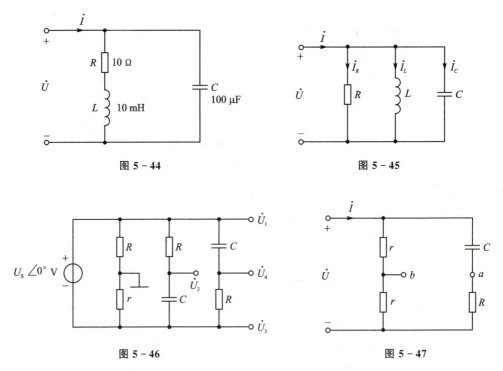

图 5-44   图 5-45

图 5-46   图 5-47

5-11 某信号发生器可以产生 1 Hz～1 MHz 的正弦信号。信号电压（有效值）可在 0.05 mV～6 V 间连续可调。现测得开路输出电压为 1 V，当接入负载 900 Ω 时，输出电压降为 0.6 V，试求信号源的内阻。

5-12 调节图 5-48 所示电路中的电容 C，可以使电压 $\dot{U}_2$ 满足指定要求。试问当 $\dot{U}_2 = \mathrm{j}\dot{U}_1$ 时，C 为何值？

5-13 在图 5-49 所示电路中，已测得 $I_1 = 3$ A，$I_2 = 5$ A，$U = 65$ V；$r = 4$ Ω，$\omega = 3\,000$ rad/s，且 $\dot{U}$ 与 $\dot{I}$ 同相，试求 R、L 和 C。

5-14 如图 5-50 所示，日光灯可等效为 R、L 串联的感性负载，已知 $U = 220$ V，$f = 50$ Hz，R 消耗的功率为 40 W，$I_L = 0.4$ A。

(1) 求电感 L 和 U_L；

(2) 为使功率因数 $\lambda = 0.8$，求 C 为何值？

5-15 已知图 5-51 所示电路中，$R = 40$ Ω，$L = 30$ mH，直流电压 $U_S = 20$ V，正弦交流电压为 $u(t) = 20\sin\omega t$ V，$\omega = 1\,000$ rad/s。试求电路中的电流 i 和电阻 R 吸收的功率。

5-16 如图 5-52 所示 RLC 串联电路，若测得 $U_R = 3$ V，$U_C = 4$ V，$U_L = 8$ V，

试求 U(有效值);为使电路中 $\dot{U}$ 和 $\dot{I}$ 同相,问电源 $u(t)$ 的角频率 ω 为何值?

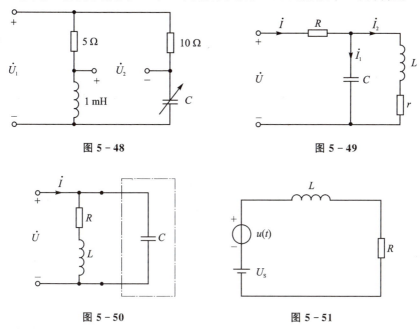

图 5-48　　　　　　　　　　图 5-49

图 5-50　　　　　　　　　　图 5-51

5-17　已知图 5-53 所示电路中,$i_C(t)=\sqrt{2}\sin(5t+90°)$ A,$C=0.02$ F,$L=1$ H,电路消耗的功率 $P=10$ W,试求 R、$u_L(t)$ 及电路的功率因数 λ。

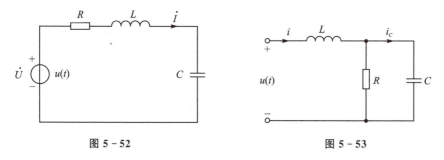

图 5-52　　　　　　　　　　图 5-53

5-18　已知图 5-54 所示电路中,$X_C=100$ Ω,$\omega=10^5$ rad/s,$R=100$ Ω,R 消耗的功率为 1 W,$\dot{U}=16\angle 0°$ V,且 $\dot{U}$ 落后于 $\dot{I}$ 的相角 36.9°,求 r 和 X_L。

5-19　如图 5-55 所示电路,在下列情况下,试分别求负载 Z_L 吸收的有功功率:(1) $Z_L=5$ Ω;(2) $Z_L=11.2$ Ω;(3) $Z_L=(5-j10)$ Ω。由此可得什么结论?设电源电压的有效值 $U=14.1$ V。

5-20　已知图 5-56 所示电路中,$\dot{U}=10$ V,角频率 $\omega=10^7$ rad/s。为使负载 Z_L 上吸收的功率为最大,试问 Z_L 应取何值?这时负载中的电流为多少?

5-21　如图 5-57 所示电路,试求电流 $\dot{I}$ 对应的 $i(t)$。

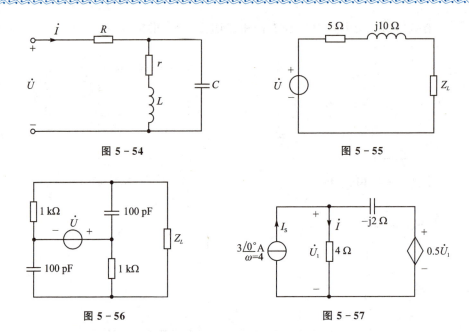

图 5-54   图 5-55

图 5-56   图 5-57

5-22 已知图 5-58 所示电路中,$L=64\ \mu H$,$C=100\ pF$,$R=10\ \Omega$,电源电压 $U=0.5\ V$,电路已对电源频率谐振。求谐振频率、品质因数、电路中的电流和电容 C 上的电压。

5-23 已知图 5-59 所示电路中,$L=800\ \mu H$,$R=10\ k\Omega$,电流源 $I=2\ mA$,其角频率 $\omega=2.5\times 10^6\ rad/s$。

(1) 为使电路对电源谐振,电容 C 应为多少?
(2) 求谐振时回路两端的电压和电容中的电流。

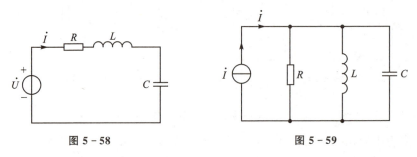

图 5-58   图 5-59

5-24 已知 RLC 串联电路中,设电源有效值 $U=10\ V$,$\omega_0=10^7\ rad/s$,$C=400\ pF$,$R=10\ \Omega$,试求 Q_0、电感 L、通频带 BW 和 U_C。

5-25 半导体收音机的输入调谐回路通常由电感 L、可变电容 C 和固定电容 C_0 并联而成。设 C 的容量变化范围为 7～270 pF;要使可变电容最大容量变到最小容量时恰好能覆盖广播电台中波频率为 535～1 605 kHz 的范围,问 L 和 C_0 应为多少?

5-26 图 5-60 所示电路为收音机的输入回路示意图。假设 $L=310~\mu\text{H}$,回路 $Q_0=60$,要接收 $f=540~\text{kHz}$ 的电台,那么电容 C 等于多少?通频带 BW 为多少?

5-27 如图 5-61 所示电路,$L=4~\text{mH}$,$R=50~\Omega$,$C=160~\text{pF}$,求:

(1) 电源频率 f 为多大时电路发生谐振?

(2) 电路的品质因数 Q_0 和通频带 BW 各为多少?

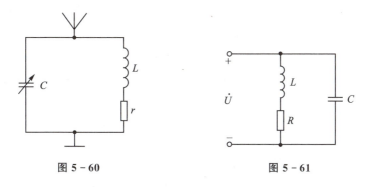

图 5-60　　　　　　图 5-61

【仿真设计】谐振电路的仿真验证

1. 实训目的

① 熟练运用 Multisim 仿真软件进行谐振电路的仿真;

② 通过仿真实验掌握串联谐振的条件;

③ 通过仿真实验理解谐振电路的工作特点;

④ 通过仿真实验了解串联谐振曲线的形状与 Q 值的关系。

2. 实训原理

① RLC 串联电路;

② RLC 并联电路。

3. 实训电路

自行设计 RLC 串、并联电路,设置合适参数,绘制电路图并进行仿真。

4. 实训内容

① 运行仿真,观察电路电流和电压的波形;

② 观察电路的幅频特性曲线和相频特性曲线的波形;

③ 将理论分析结果与仿真结果比较,验证其准确性。

5. 实训分析

① 总结实训结论;

② 对实训过程中的错误进行分析。

项目6　三相正弦交流电路分析与仿真

在电力系统中,几乎全部采用交流三相制供电,究竟它具有哪些优点使得它的应用如此广泛呢?与单相交流电相比,三相交流电具有如下优点:
① 三相发电机比尺寸相同的单相发电机输出的功率要大;
② 三相发电机的结构和制造并不比单相发电机复杂,且使用、维护都较方便,运转时比单相发电机的振动要小;
③ 在同样条件输送同样大的功率时,特别是在远距离输电时,三相输电线比单相输电线可节约25%的材料;
④ 三相异步电动机是应用最广的动力机械。使用三相交流电的三相异步电动机结构简单、价格低廉、使用维护方便,是工业生产的主要动力源。

本项目分析三相正弦交流电路,旨在培养电路分析的系统性思维和电路问题的整体解决能力。

☞知识目标:
① 了解三相交流电的优点;
② 了解三相交流电的产生;
③ 掌握三相交流电的供电方式;
④ 掌握三相负载的两种接线方式。

☞能力目标:
① 会测量三相对称负载星形连接的电压和电流;
② 会三相负载做星形连接、三角形连接的接线,并且会验证相电压与线电压、相电流与线电流之间的关系。

6.1　对称三相正弦交流电源

概要导览

6.1.1 对称三相正弦交流电路的特征及数学表达式

对称三相正弦交流电源,是由三个频率相同、幅值相等、初相角依次相差 120°的正弦交流电压源构成的,其中每一个电源称为一相,依次称为 A 相、B 相、C 相,分别记为 u_A、u_B、u_C,如以 A 相为参考,其电压瞬时值表达式为

$$\left.\begin{aligned} u_A &= U_m \sin \omega t \\ u_B &= U_m \sin(\omega t - 120°) \\ u_C &= U_m \sin(\omega t - 240°) = U_m \sin(\omega t + 120°) \end{aligned}\right\} \quad (6-1)$$

电压的向量表达式为

$$\left.\begin{aligned} \dot{U}_A &= U \angle 0° \\ \dot{U}_B &= U \angle -120° = \left(-\frac{1}{2} - j\frac{\sqrt{3}}{2}\right)U \\ \dot{U}_C &= U \angle +120° = \left(-\frac{1}{2} + j\frac{\sqrt{3}}{2}\right)U \end{aligned}\right\} \quad (6-2)$$

式中,U 为电压有效值,$U = U_m/\sqrt{2}$。

对称三相正弦交流电压的波形图如图 6-1(a)所示,各相电压的向量图如图 6-1(b)所示。

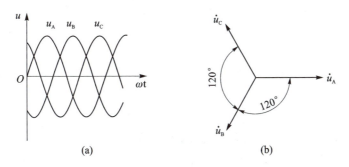

图 6-1 对称三相正弦交流电压的波形图和向量图

由三相对称正弦交流电压的数学表达式、波形图和向量图可以证明,一组对称的三相正弦量(电压或电流)之和为零,即

$$\left.\begin{aligned} u_A + u_B + u_C &= 0 \\ \dot{U}_A + \dot{U}_B + \dot{U}_C &= 0 \end{aligned}\right\} \quad (6-3)$$

思一思

你能说出电动机铭牌上标注的"单相""三相"分别表示什么意思吗?

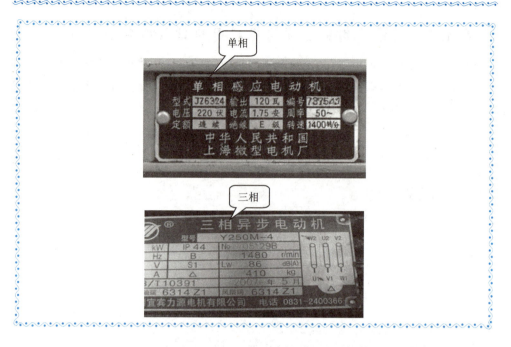

6.1.2 对称三相正弦交流电源的产生及连接方式

三相正弦交流电压源可以是三相交流发电机,也可取自电力系统、交配电变压器的二次侧。图6-2(a)为三相交流发电机的原理图。三相交流发电机主要由定子和转子构成。定子核心的内圆表面冲有槽,用以放置三相定子绕组。三相定子绕组是相同的,如图6-2(b)所示,三相绕组的首端标以A、B、C,末端标以X、Y、Z,绕组的两边放置在定子铁芯槽内,但要使得各相绕组的首端或末端之间依序相互间隔120°,转子铁芯上绕有直流励磁绕组,选用合适的极面形状和励磁绕组的布置,可以使发电机空气隙中的磁感应强度按正弦规律分布。当转子由原动机带动并以均匀速度顺时针方向旋转时,三相定子绕组将依次切割磁力线,产生频率相同、幅值相等的正弦交流电动势e_A、e_B、e_C,电动势的方向选定自绕组末端指向首端,而各相电压的方向是首端指向末端。各相电压的表达式如式(6-1)、式(6-2)所示。

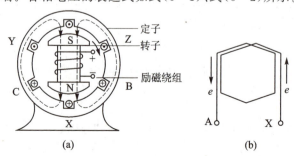

图6-2 三相交流发电机的原理图

三相交流发电机三绕组的通常接法如图6-3所示,即将三个末端连接在一起,连接点称为中点或零点,用 N 表示;从三相绕组的始端 A、B、C 引出三根导线称为相线,也称火线;由中点引出的导线称为中线,这种连接方式称为星形连接,有中线引出的称为 Y_0 连接,无中线引出的称为 Y 连接。

图6-4为 Y_0 连接的三相交流发电机的相电压和线电压向量图,在图6-3中,每相始端与中点间的电压称为相电压,用 U_A、U_B、U_C 表示,或一般用 U_P 表示,而任意两相线间的电压称为线电压,其有效值用 U_{AB}、U_{BC}、U_{CA} 表示,或一般用 $\dot{U}_L$ 表示。

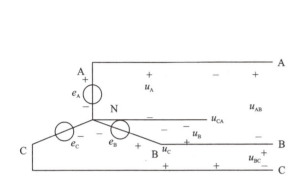
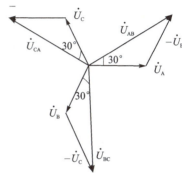

图6-3 三相交流发电机三相绕组的接法　　图6-4 Y_0 连接相电压和线电压向量图

由图6-3可知,线电压与相电压关系如下:

$$\left.\begin{array}{l} u_{AB} = u_A - u_B \\ u_{BC} = u_B - u_C \\ u_{CA} = u_C - u_A \end{array}\right\} \quad (6-4)$$

由图6-4电压向量图可知

$$\left.\begin{array}{l} \dot{U}_{AB} = \dot{U}_A - \dot{U}_B \\ \dot{U}_{BC} = \dot{U}_B - \dot{U}_C \\ \dot{U}_{CA} = \dot{U}_C - \dot{U}_A \end{array}\right\} \quad (6-5)$$

由电压向量图中相电压和线电压向量的几何关系可得

$$\left.\begin{array}{l} \dot{U}_{AB} = U\angle 0° - U\angle -120° = \sqrt{3}\dot{U}_A \angle 30° \\ \dot{U}_{BC} = U\angle -120° - U\angle 120° = \sqrt{3}\dot{U}_B \angle 30° \\ \dot{U}_{CA} = U\angle 120° - U\angle 0° = \sqrt{3}\dot{U}_C \angle 30° \end{array}\right\} \quad (6-6)$$

由上述关系可知,对称三相交流电源星形连接时,三相电压也对称,线电压的有效值是相电压有效值的 $\sqrt{3}$ 倍,线电压的相位超前对应相电压30°。

通常在低压配电系统中,相电压为 220 V,线电压为 380 V,小型低压三相交流发电机采用 Y_0 接线时,可以引出四根线,称三相四线制,能给予负载两种电压。这样就解决了三相负载和单相负载由同一电源供电的问题。但是由于电力系统、发电厂的三相交流发电机的容量大,额定电压都采用较高的数值。我国发电厂发电机的线电压一般为 6.3 kV 和 10.5 kV,与额定线电压为 6 kV 和 10 kV 的电力网路连接,这些发电机通常为 Y 形连接,它可与升压变压器连接后将电力送入高压电网,或与降压变压器连接后将低压电供给发电厂自用低压负载。

由变压器二次侧组成三相交流电源时,可以接成 Y_0 形连接、Y 形连接及三角形连接(△形连接),后两种连接方式也称三相三线制。由三相变压器二次侧组成的三相交流电源如图 6-5 所示,图中 U、V、W 表示变压器一次侧接入前级电网的三相交流电源。

当三相交流电源采用三角形连接方式时,线电压与相电压相等,即 $\dot{U}_{AB}=\dot{U}_A$、$\dot{U}_{BC}=\dot{U}_B$、$\dot{U}_{CA}=\dot{U}_C$,由于三线电源是对称的,三相电压的向量和为零,即 $\dot{U}_A+\dot{U}_B+\dot{U}_C=0$,因此三角形环路中无环流产生。

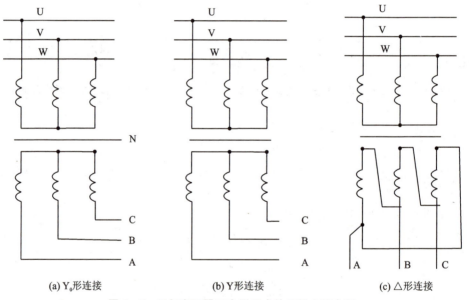

(a) Y_0 形连接　　　　　(b) Y 形连接　　　　　(c) △形连接

图 6-5　三相变压器二次侧组成的三相交流电源

> **想一想**
>
> 1. 某大学的三相四线制 380 V/220 V 供电系统,供电给额定电压为 380 V 的三相电动机(三相负载)和额定电压为 220 V 的单相照明灯(单相负载)。这些负载一定要接成如图 6-6 所示电路才能使电动机正常转动,照明灯正常发光。
>
> 2. 在图 6-6 中,什么是三相四线制?什么是三相负载?什么是单相负载?为什么三相电源有 380 V、220 V 两种电压?电动机和照明灯应怎样接入电路才能正常工作?

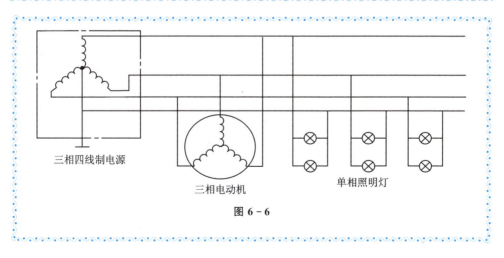

图 6-6

6.1.3 对称三相电源的相序

三相电源中各相电压超前或滞后的排列次序称为相序,或者说三相正弦电压达到最大值的次序叫相序。例如在图 6-1(a)所示电路中,A 相电压超前 B 相电压 120°,而 B 相电压又超前 C 相电压 120°,则将 A—B—C—A 的相序称为正相序或顺序;反之,A—C—B—A 的相序则称为负相序或逆序。当三相电压或电流的相序未加说明时,一般都是指的正相序。另外,顺便提及一下,我国供配电系统中的三相母线都标有规定的颜色以便识别相序,其规定为 A 相——黄色、B 相——绿色、C 相——红色。

有些三相负载对所接三相电源的相序是有要求的。例如三相交流电动机如果接正相序电源会正转,而接负相序电源后就会反转,因而要根据三相负载的工作情况来正确选择三相电源的相序。

当三相电源的相序未知时,可以用相序指示器来进行测量及判定。

> **思一思**
> 三相发电机接成三角形,如果误将 U 相接反,会产生什么后果?如何使其连接正确?

6.2 对称三相正弦交流电路的计算

概要导览

6.2.1 三相负载的连接方式

三相供电系统中大多数负载也是三相的,即由三个负载接成 Y 形或△形,如图 6-7 所示,其中每一个负载称一相负载,每相负载的端电压称为负载相电压,流过每个负载的电流称为相电流,流过端线的电流称为线电流,三相负载的复阻抗相等者称为对称三相负载,三相负载的复阻抗不相等者称为不对称三相负载。

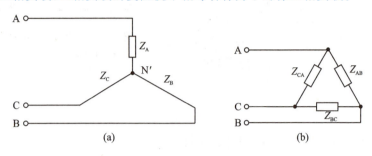

图 6-7 三个负载的 Y 形和△形联结

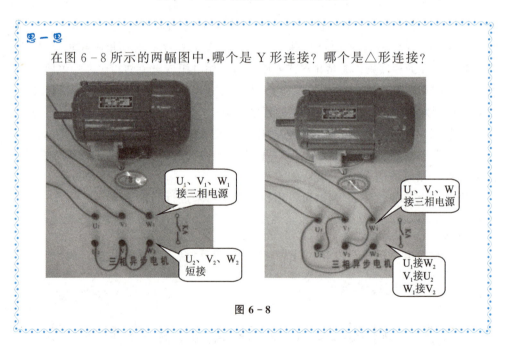

图 6-8

6.2.2 对称三相电路的计算

对称三相电路就是对称三相电源与对称三相负载连接起来所组成的电路,如图 6-9 所示,图(a)为 Y_0-Y_0 连接,图(b)为 Y—Y 连接,图(c)为 Y—△连接,图(d)为△—Y 连接,图(e)为△—△连接。图(a)标注了线路阻抗 Z_L 和中线阻抗 Z_N,由于是对称三相电路,因此三相线路阻抗相等,图(b)~图(e)中省略线路阻抗,当三相负载连线较短时就是这种情况。这里需要说明,因为一般进行负载电路的计算时,不考虑三相电源内部的工作情况,而只注意供电线路,因此在电路图中可只画三根火线 A、B、C 和中线 N 来表示三相电源,这样图 6-7 所示五种典型三相电路可归结为三种计算电路。图 6-10 所示为我国 380 V/220 V 低压供电线路中三种常见的三相负载电路:① 负载 Z_A、Z_B、Z_C 的额定电压为 220 V、三相负载为 Y_0 接法;② 负载为 Y 形接法、无中线引出端,例如 Y 形接法额定线电压为 380 V 的三相交流电动机;③ 负载为△形连接,额定电压为 380 V,例如△接法额定线电压为 380 V 的三相交流电动机。

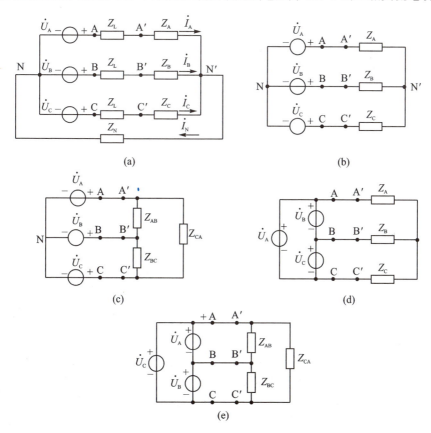

图 6-9 对称三相电源与对称三相负载联结组成的电路

图 6-10 所示的 Y_0-Y_0 系统为三相四线制,图中 Z_L 为线路复阻抗,Z_N 为中线复阻抗,Z 为负载复阻抗(对称三相负载 $Z_A=Z_B=B_C=Z$),N 为电源中点,N′ 为负载中点,三相电压源以 $\dot U_A$ 为参考,即 $\dot U_A=U_P\angle 0°$,$\dot U_B=U_P\angle -120°$,$\dot U_C=U_P\angle 120°$。

对这种只有一个独立节点的电路,可采用节点电压法来分析,若选 N 为参考节点,很容易得到下式:

$$\left(\frac{1}{Z_N}+\frac{3}{Z+Z_L}\right)\dot U_{N'N}=\frac{1}{Z+Z_L}(\dot U_A+\dot U_B+\dot U_C)$$

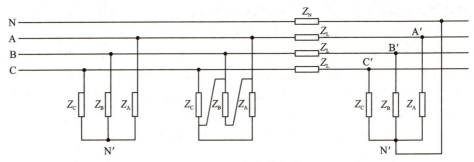

图 6-10 三相负载电路

由于是对称电源,故 $\dot{U}_A+\dot{U}_B+\dot{U}_C=0$,$\dot{U}_{N'N}=0$。

这说明电源中点与负载中点是同电位点,这是该电路的一个重要特点,由于 $\dot{U}_{N'N}=0$,显然各相电源、线路阻抗及负载中的电流就等于线电流,即

$$\left.\begin{array}{l} \dot{I}_A = \dfrac{\dot{U}_A - \dot{U}_{N'N}}{Z_L + Z} = \dfrac{\dot{U}_A}{Z_L + Z} \\[6pt] \dot{I}_B = \dfrac{\dot{U}_B}{Z_L + Z} = \dot{I}_A e^{-j120°} \\[6pt] \dot{I}_C = \dfrac{\dot{U}_C}{Z_L + Z} = \dot{I}_A e^{j120°} \end{array}\right\} \quad (6-7)$$

从以上分析可以看出,各线电流是相互独立的,又由于三相电源及三相负载对称,所以三相电流也对称且与电源电压是同相序的对称量,因此只要计算出一相的电流、电压,其他两项的电流、电压就能由对称关系写出。这样对称的 $Y_0 - Y_0$ 三相电路就化为单相电路计算了。由于是三相对称系统,三相电流的向量和也为零,即 $I_N=0$、$\dot{U}_{N'N}=0$,所以中线不起作用,即不论有无中线,也不管中线阻抗为何值,在计算时都可用无阻抗导线把电源中点 N 与负载中点 N' 连起来。因此这种计算方法完全适用于 Y—Y 对称三相系统。图 6-11 所示为单相计算电路(A 相)。

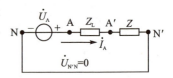

图 6-11 A 相计算电路

可以证明,负载端的相电压、线电压也是对称系统。

$$\left.\begin{array}{l} \dot{U}_{A'N'} = Z\dot{I}_A \\ \dot{U}_{B'N'} = Z\dot{I}_B = \dot{U}_{A'N'} e^{-j120°} \\ \dot{U}_{C'N'} = Z\dot{I}_C = \dot{U}_{A'N'} e^{j120°} \end{array}\right\} \quad (6-8)$$

$$\left.\begin{array}{l} \dot{U}_{A'B'} = \dot{U}_{A'N'} - \dot{U}_{B'N'} = \sqrt{3}\dot{U}_{A'N'}\angle 30° \\ \dot{U}_{B'C'} = \dot{U}_{B'N'} - \dot{U}_{C'N'} = \sqrt{3}\dot{U}_{B'N'}\angle 30° \\ \dot{U}_{C'A'} = \dot{U}_{C'N'} - \dot{U}_{A'N'} = \sqrt{3}\dot{U}_{C'N'}\angle 30° \end{array}\right\} \quad (6-9)$$

项目 6 三相正弦交流电路分析与仿真

【例 6-1】 有一对称星形负载,如图 6-12(a)所示,各相负载中电阻 $R=6\ \Omega$, 感抗 $X_L=8\ \Omega$,已知三相对称电源线电压 $u_{AB}=380\sqrt{2}\sin(\omega t+30°)\ V$,试求各相电流。

解: 设

$$u_{AB}=380\sqrt{2}\sin(\omega t+30°)$$

则

$$\dot{U}_{AB}=380\angle 30°\ V$$

根据前面式(6-6)的关系,可知 $\dot{U}_A=220\angle 0°\ V$。据此可画出如图 6-12(b)所示单相计算电路,可以求得

$$\dot{I}_A=\frac{\dot{U}_A}{Z_A}=\frac{220\angle 0°}{6+j8}\ A=22\angle -53.1°\ A$$

根据对称性可直接写出

$$\dot{I}_B=22\angle -173.1°\ A$$

$$\dot{I}_C=22\angle 66.9°\ A$$

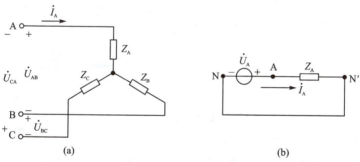

图 6-12 例 6-1 电路图

图 6-13 所示为对称三相负载连接成△形的对称三相电路,如忽略供电线路上的电压降,则加到负载上的电压就等于对称电源的线电压,即

$$\left.\begin{aligned}\dot{U}_{AB}&=U_L\angle 0°\\ \dot{U}_{BC}&=U_L\angle -120°\\ \dot{U}_{CA}&=U_L\angle 120°\end{aligned}\right\} \quad (6-10)$$

此时,每相电流为

$$\left.\begin{aligned}\dot{I}_{AB}&=\frac{\dot{U}_{AB}}{Z_A}\\ \dot{I}_{BC}&=\frac{\dot{U}_{BC}}{Z_B}\\ \dot{I}_{CA}&=\frac{\dot{U}_{CA}}{Z_C}\end{aligned}\right\} \quad (6-11)$$

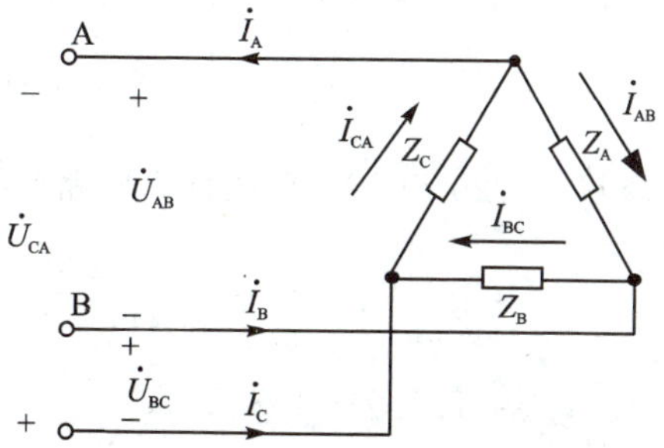

图 6-13 对称三相负载△形的连接

根据 KCL,线电流和相电流的关系为

$$\left.\begin{aligned}\dot{I}_A &= \dot{I}_{AB} - \dot{I}_{CA} \\ \dot{I}_B &= \dot{I}_{BC} - \dot{I}_{AB} \\ \dot{I}_C &= \dot{I}_{CA} - \dot{I}_{BC}\end{aligned}\right\} \qquad (6-12)$$

当三相负载阻抗对称时,即

$$Z_A = Z_B = Z_C = Z = |Z| \angle \varphi$$

则各相电流分别为

$$\left.\begin{aligned}\dot{I}_{AB} &= \frac{U_L}{|Z|} \angle -\varphi \\ \dot{I}_{BC} &= \frac{U_L}{|Z|} \angle -120°-\varphi \\ \dot{I}_{CA} &= \frac{U_L}{|Z|} \angle 120°-\varphi\end{aligned}\right\} \qquad (6-13)$$

由图 6-14 所示的向量图可知,线电流与相电流的关系为

$$\left.\begin{aligned}\dot{I}_A &= \sqrt{3}\,\dot{I}_{AB}\angle -30° \\ \dot{I}_B &= \sqrt{3}\,\dot{I}_{BC}\angle -30° \\ \dot{I}_C &= \sqrt{3}\,\dot{I}_{CA}\angle -30°\end{aligned}\right\} \qquad (6-14)$$

在对称三相电路中,当对称负载为三角形连接时,线电流的有效值为相电流有效值的 $\sqrt{3}$ 倍,各线电流分别滞后相应相电流 30°。

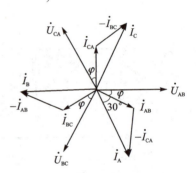

图 6-14 电压和电流的向量图

【例 6-2】 对称三相电路如图 6-15(a) 所示,已知负载阻抗 $Z=19.2+j14.4\ \Omega$,线路阻抗为 $Z_L=(3+j4)\Omega$,电源为三相对称电源,线电压为 380 V,求负载的线电压、线电流和负载相电流。

解: 该电路可化为对称的 Y-Y 系统来计算,如图 6-15(b) 所示,图中 Z' 为

$$Z' = \frac{Z}{3} = \frac{1}{3}(19.2+j14.4)\ \Omega = (6.4+j4.8)\ \Omega$$

令 $\dot{U}_A=220\angle 0°$ V,单相计算电路(A 相)如图 6-15(c) 所示,于是有

$$\dot{I}_A = \frac{\dot{U}_A}{Z_L+Z'} = \frac{220\angle 0°}{(3+j4)+(6.8+j4.8)}\ A = 17.1\angle -43.2°\ A$$

$$\dot{I}_B = 17.1\angle -163.2°\ A$$

$$\dot{I}_C = 17.1\angle 76.8°\ A$$

此电流即为负载端的线电流,再求出图 6-15(c) 中负载的相电压 $\dot{U}_{A'N'}$:

$$\dot{U}_{A'N'} = \dot{I}_A Z' = (17.1\angle -43.2° \times 8\angle 36.9°)\ V = 136.8\angle -6.3°\ V$$

根据式(6-6)可得线电压:

项目 6 三相正弦交流电路分析与仿真

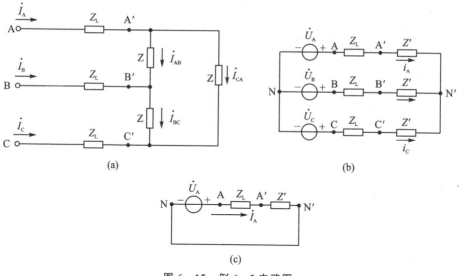

图 6-15 例 6-2 电路图

$$\dot{U}_{A'B'} = \sqrt{3}\dot{U}_{A'N'}\angle 30° = 236.9\angle 23.7° \text{ V}$$

根据对称性可直接写出

$$\dot{U}_{B'C'} = 236.9\angle -96.3° \text{ V}$$

$$\dot{U}_{C'A'} = 236.9\angle 143.7° \text{ V}$$

根据式(6-14)对称三相电路中△形负载的相电流与线电流的关系,可得相电流为

$$\dot{I}_{A'B'} = \frac{1}{\sqrt{3}}\dot{I}_A\angle 30° \text{ A} = \left(\frac{1}{\sqrt{3}} \times 17.1\angle -43.2° \cdot \angle 30°\right) \text{ A}$$

$$= 9.9\angle -13.2° \text{ A}$$

$$\dot{I}_{B'C'} = 9.9\angle -133.2° \text{ A}$$

$$\dot{I}_{C'A'} = 9.9\angle 106.8° \text{ A}$$

思一思

你知道图 6-16 所示的三相异步电动机接线盒中这 6 个接线柱该如何接吗?又该如何将它们接到三相四线制供电系统中去呢?

图 6-16

6.3 对称三相正弦交流电路的功率

概要导览

计算三相正弦交流电功率
- 有功功率：$P = 3U_P I_P \cos\varphi = \sqrt{3} U_L I_L \cos\varphi$
- 无功功率：$Q = 3U_P I_P \sin\varphi = \sqrt{3} U_L I_L \sin\varphi$
- 视在功率：$S = 3U_P I_P = \sqrt{3} U_L I_L$

6.3.1 对称三相电路的平均功率

三相电路的瞬时功率应等于各相瞬时功率的代数和，对称三相负载中各相的电压与电流在关联参考方向下，且以 A 相电压为参考正弦量，则有 $u_A = u_m \sin\omega t$，$i_A = I_m \sin(\omega t - \varphi)$，其中 $U_m = \sqrt{2} U_P$，$I_m = \sqrt{2} I_P$。

对称三相电路中各相的瞬时功率可写为

$$P_A = u_A i_A = \sqrt{2} U_P \sin\omega t \times \sqrt{2} I_P \sin(\omega t - \varphi) = U_P I_P [\cos\varphi - \cos(2\omega t - \varphi)]$$

$$P_B = u_B i_B = \sqrt{2} U_P \sin(\omega t - 120°) \times \sqrt{2} I_P \sin(\omega t - 120° - \varphi)$$
$$= U_P I_P [\cos\varphi - \cos(2\omega t - 240° - \varphi)]$$

$$P_C = u_C i_C = \sqrt{2} U_P \sin(\omega t + 120°) \times \sqrt{2} I_P \sin(\omega t + 120° - \varphi)$$
$$= U_P I_P [\cos\varphi - \cos(2\omega t - 480° - \varphi)]$$

对称三相电路的平均功率可写为

$$P = P_A + P_B + P_C = 3U_P I_P \cos\varphi$$

当负载做 Y 形连接时，有

$$U_P = \frac{1}{\sqrt{3}} U_L, \quad I_P = I_L$$

则
$$P = 3U_P I_P \cos\varphi = \sqrt{3} U_L I_L \cos\varphi。$$

当负载做△形连接时，有

$$U_P = U_L, \quad I_P = \frac{1}{\sqrt{3}} I_L,$$

则
$$P = 3U_P I_P \cos\varphi = \sqrt{3} U_L I_L \cos\varphi$$

经整理后可见，对于对称三相电路，无论负载做 Y 形连接还是△形连接，其平均功率均可写为便于测量的线电压和线电流的表达式，即

$$P = \sqrt{3} U_L I_L \cos\varphi \tag{6-15}$$

需要注意的是，在式(6-15)中的 φ 是相电压与相电流的相位差，它取决于负载每相的阻抗，而与负载的连接方式无关。

6.3.2 对称三相电路的无功功率和视在功率

三相电路的无功功率规定为其各项无功功率的代数和,即

$$Q = Q_A + Q_B + Q_C$$

在三相对称的情况下,分析过程与三相电路的平均功率相同,有

$$Q_A = Q_B = Q_C = U_P I_P \sin\varphi$$

因此,总的三相无功功率为

$$Q = 3U_P I_P \sin\varphi = \sqrt{3} U_L I_L \sin\varphi \tag{6-16}$$

三相电路的视在功率规定为

$$S = \sqrt{P^2 + Q^2} \tag{6-17}$$

当三相负载对称时,可写为

$$S = 3U_P I_P = \sqrt{3} U_L I_L \tag{6-18}$$

【例 6-3】 一台三相电动机的额定功率为 2.2 kW,额定电压为 380 V,效率为 81.5%,功率因数为 0.88。试求该电机额定运行时的线电流。

解:电动机的额定功率是指其轴上输出的机械功率,因此输入的电功率为

$$P = \frac{P_N}{\eta} = \frac{2\,200}{0.815} \text{ W} = 2\,700 \text{ W}$$

三相电源的线电压为 380 V 时,求得线电流为

$$I_L = \frac{P}{\sqrt{3} U_L \cos\varphi} = \frac{2\,700}{\sqrt{3} \times 380 \times 0.88} \text{ A} = 4.66 \text{ A}$$

【例 6-4】 对称三相负载的额定线电压为 380 V,额定功率为 20 kW,额定功率因数为 0.8(感性),通过阻抗 $Z_L = (2+j8)\,\Omega$ 的输电线接于对称三相电源,电源线电压为 380 V,试求负载的线电压和吸收的功率。

解:方法:化为单相计算。
把电源看作 Y 形连接,其中

$$\dot{U}_A = \frac{U_L}{\sqrt{3}} \angle 0° = \frac{380}{\sqrt{3}} \angle 0° = 220 \angle 0° \text{ A}$$

把负载看作 Y 形连接,其中每相阻抗计算如下:

$$I_P = I_L = \frac{P_N}{\sqrt{3} U_L \cos\varphi_N} = \frac{20 \times 10^3}{\sqrt{3} \times 380 \times 0.8} \text{ A} = 37.98 \text{ A}$$

$$\varphi_N = \cos^{-1} 0.8 = 36.9° (感性)$$

$$|Z| = \frac{U_L}{\sqrt{3} I_P} = \frac{380}{\sqrt{3} \times 37.98} \,\Omega = 5.79 \,\Omega$$

$$Z = 5.79 \angle 36.9° \,\Omega$$

将电路化成对称三相 Y-Y 电路,如图 6-17(b)所示,把电源中点 N 与负载中

点 N′ 用无阻抗线连接起来,进行 A 相单相计算,如图 6-17(c)所示。

$$\dot{I}_A = \frac{\dot{U}_A}{Z_L + Z} = \frac{220\angle 0°}{2 + j8 + 5.79/36.9°} = \frac{220\angle 0°}{6.6 + j11.46} = 16.68\angle -60° \text{ A}$$

$$\dot{U}_{A'N'} = Z \cdot \dot{I}_A = (5.79\angle 36.9° \times 16.68\angle -60°) \text{ V} = 96.6\angle 23.1° \text{ V}$$

$$\dot{U}_{A'B'} = \sqrt{3}\dot{U}_{A'N'}\angle 30° = (\sqrt{3} \times 96.6\angle 23.1° \cdot \angle 30°) \text{ V} = 167.3\angle 53.1° \text{ V}$$

所以 $U'_L = 167.3$ V

负载吸收的功率为

$$P' = \sqrt{3}U'_L I_L \cos\varphi_N = (\sqrt{3} \times 167.3 \times 16.68 \times 0.8) \text{ W} = 3866.8 \text{ W}$$

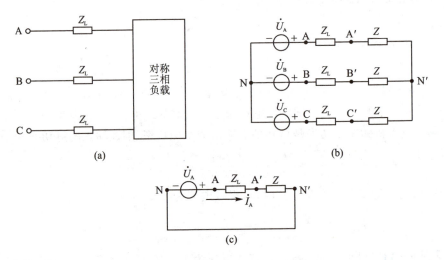

图 6-17 对称三相负载电路图及计算过程图

【例 6-5】 今有一台三相电动机,每相的等效电阻 = 29 Ω,等效电抗(感性)$X_L = 21.8$ Ω,试求在下列情况下电动机的相电流以及从电源输入的功率,并按以下情况比较所得结果。

① 绕组连接成 Y 形接于 U_L 等于 380 V 的三相电源上;
② 绕组连接成 △ 形接于 U_L 等于 220 V 的三相电源上;
③ 绕组连接成 Y 形接于 U_L 等于 220 V 的三相电源上。

解:

① 计算 $U_L = 380$ V,Y 形连接时的相电流和功率。

各相绕组的等效阻抗为

$$Z = R + jX_L = 29 + j21.8 = 36.28\angle 36.93° \text{ Ω}$$

故 A 相相电流(设 $\dot{U}_{AB} = 380\angle 30°$ V)为

$$\dot{I}_A = \frac{220\angle 0°}{36.28\angle 36.93°} \text{ A} = 6.06\angle -36.93° \text{ A}$$

负载接成 Y 形时
$$I_L = I_P = 6.06 \text{ A}$$
$$P_Y = (\sqrt{3} \times 380 \times 6.06 \times \cos 36.93°) \text{ W} = 3\,200 \text{ W} = 3.2 \text{ kW}$$
② 计算 $U_L = 220$ V、△形连接时的线电流和功率。

各相负载阻抗为
$$Z = 36.28 \angle 36.93° \text{ Ω}$$
△形连接时,$U_L = U_P$,此时 $\dot{U}_{AB} = 220 \angle 30°$ V。

故
$$\dot{I}_{AB} = \frac{\dot{U}_{AB}}{Z} = \frac{220 \angle 30°}{36.28 \angle 36.93°} \text{ A} = 6.06 \angle -6.93° \text{ A}$$

由于负载为△形连接,故
$$\dot{I}_A = \sqrt{3} \dot{I}_{AB} \angle -30° = (\sqrt{3} \times 6.06 \angle -6.93° \times \angle -30°) \text{ A}$$
$$= (\sqrt{3} \times 6.06 \angle -36.93°) \text{ A}$$
$$= 10.5 \angle -36.93° \text{ A}$$

即此时
$$I_L = \sqrt{3} I_P = 10.5 \text{ A}$$

所以
$$P_\triangle = \sqrt{3} U_L I_L \cos \varphi = \sqrt{3} \times 220 \times 10.5 \cos 36.93° \text{ kW} = 3.2 \text{ kW}$$
③ 计算 $U_L = 220$ V,负载 Y 形连接时的相电流和功率。

各相负载阻抗为
$$Z = 36.28 \angle 36.93° \text{ Ω}$$
此时
$$\dot{U}_{AB} = 220 \angle 30° \text{ V}$$
$$\dot{U}_A = \frac{220 \angle 30°}{\sqrt{3}} \angle -30° \text{ V} = 127 \angle 0° \text{ V}$$

A 相相电流为
$$\dot{I}_A = \frac{127 \angle 0°}{36.28 \angle 36.93°} \text{ A} = 3.5 \angle -36.93° \text{ A}$$

由负载 Y 形连接
$$I_L = I_P = 3.5 \text{ A}$$
$$U_L = \sqrt{3} U_P = \sqrt{3} \times 127 \text{ V} = 220 \text{ V}$$

可得负载输入功率为
$$P_Y = \sqrt{3} U_L I_L \cos \varphi = \sqrt{3} \times 220 \times 3.5 \times 0.8 \text{ W} = 1\,067 \text{ W} = 1.067 \text{ kW}$$
比较①、②所得的结果,可知:

当三相交流电动机的额定电压为 380 V/220 V 时,表示该电动机有两种额定电压,这表示当电源线电压为 380 V 时,电动机三相定子绕组接成 Y 形连接;当电源线电压为 220 V 时,电动机接成△形。在两种接法中,电动机的相电压、相电流及功率均未改变,仅在电源线电压由 380 V 降低 $1/\sqrt{3}$ 到 220 V 时,线电流增加 $\sqrt{3}$ 倍。

比较②、③所得的结果,可知:

在电源线电压相同条件下(此题 $U_\triangle=220\text{ V}$),电动机由△形连接改为 Y 形连接后,电机的相电压和相电流都减小了 $1/\sqrt{3}$,线电压和功率减小为原来的 1/3。

思一思

图 6-18 所示三相异步电动机的铭牌上标有"750 瓦""380 伏""1.68 安",分别指该电动机的额定功率、额定线电压、额定线电流,那么你知道铭牌上的额定功率与额定线电压、额定线电流之间有什么样的关系呢?

图 6-18

6.4 三相正弦交流电路中功率的测量

6.4.1 三相四线制电路中功率的测量

在三相四线制电路中,三相电路的平均功率同单相电路一样可用三个单相功率表对三相功率分别测量,三相负载的平均功率等于三个单相功率表读数之和,原理如图 6-19 所示。

如果三相负载对称,则也可只用一个单相功率表测量,将测得的值乘以 3 即为三相对称电路的功率。

实际上,常采用三元瓦特表来测量三相功率,三元瓦特表实际上是三个单相瓦特表的组合,它有三个电压线圈和三个电流线圈,其转动和指示部分共用一个,接线如图 6-20 所示。

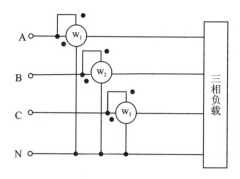

图 6-19 三相四线制中功率测量原理图

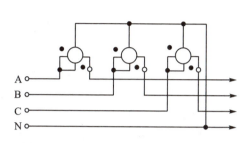

图 6-20 三相四线制中功率测量接线图

6.4.2 三相三线制电路中功率的测量

对于三相三线制系统，不仅无中线，而且有些负载的中点也不易得到，因此不能用三表法测量功率。工程上广泛采用两瓦表法来测量三相功率，其原理如图 6-21 所示。图中测量 A 相和 B 相的线电流，C 相是两个电压线圈的公共接线端，也可以改测其他两相的线电流，剩余的一相接两电压线圈的公共端。

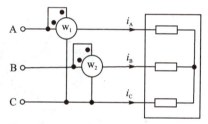

图 6-21 三相三线制功率测量原理图

在三相三线制系统中，无论负载是否对称，都可用两瓦表法测量三相功率，因为这种方法是测量线电流和线电压，所以接线比较方便，负载不论怎样连接，总可以用等效的 Y 形负载来表示，所以可以假设负载是 Y 形负载。图 6-21 中，两个功率表所测量的瞬时功率之和为

$$P_1 + P_2 = u_{AC} i_A + u_{BC} i_B = (u_A - u_C) i_A + (u_B - u_C) i_B$$
$$= u_A i_A + u_B i_B + u_C(-i_A - i_B) = u_A i_A + u_B i_B + u_C i_C$$
$$= P_A + P_B + P_C \tag{6-19}$$

由于三相三线制中

$$i_A + i_B + i_C = 0, \quad i_C = -i_A - i_B$$

因此，由式(6-19)可知，两单相瓦特表所测量的瞬时功率之和等于三相瞬时功率之和。

P_1、P_2 在一周期内的平均值，即分别为两功率表的读数，它们的和为

$$P_1 + P_2 = \frac{1}{T}\int_0^T (P_1 + P_2) dt = \frac{1}{T}\int_0^T (P_A + P_B + P_C) dt$$
$$= P_A + P_B + P_C \tag{6-20}$$

该式表明，两功率表读数之和等于三相负载的平均功率。

两瓦表法中，两表的度数分别为

$$P_1 = \frac{1}{T}\int_0^T u_{AC}i_A dt = U_{AC}I_A \cos\alpha$$

$$P_2 = \frac{1}{T}\int_0^T u_{BC}i_B dt = U_{BC}I_B \cos\beta$$

式中，α 为 u_{AC} 与 i_A 之间的相位差，β 为 u_{BC} 与 i_B 之间的相位差。

必须指出：当用两瓦表法测量三相功率时，两个瓦特表读数的代数和正好等于三相的总功率，但其中每一个瓦特表的读数是没有意义的。

在实际测量三相三线制电路的有功功率时，也常采用二元瓦特表来代替两个单一的瓦特表，二元瓦特表具有两个独立的电流线圈和两个可动的电压线圈，它们装在同一支架上但又相互绝缘隔离，相当于两个单相功率表，但两个动圈刚性地连接在同一轴上，带动同一指针测量功率。

思一思

图 6-22 所示接线图的接线是否正确？哪一根是零线？

图 6-22

 小提示

① 电流表应选择交流电流表。

② 交流电流表的量程应大于电路中的被测电流，使用前必须先进行估算。

6.4.3 利用 Multisim 对三相电路进行仿真和测量

【例 6-6】 设三相对称电源（见图 6-23）采用 A—B—C—A 相序，负载阻值为 484 Ω，利用 Multisim 测量中线电流（见图 6-24），并仿真三相电源的波形图（见图 6-25）。

解：
$$\dot{U}_A = 220\angle 0° \text{ V}$$

$$\dot{U}_B = 220\angle -120° = 220\angle 240° \text{ V}$$

$$\dot{U}_C = 220\angle 120° \text{ V}$$

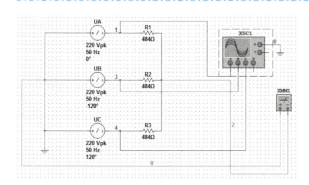
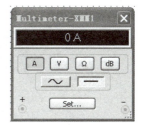

图 6-23　三相对称电源的仿真图　　图 6-24　利用 Multisim 测量中线电流

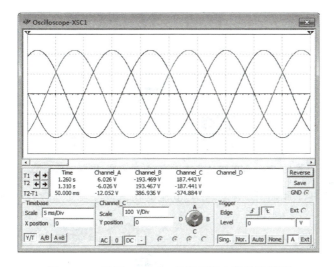

图 6-25　利用 Multisim 仿真三相电源的波形图

【例 6-7】　一个三相 Y-Y 连接电路,已知电源线电压为 380 V,频率为 50 Hz,负载为白炽灯,可视为电阻元件,每个电阻值为 484 Ω。利用 Multisim 设计实验完成以下测量:

(1) 有中线且负载对称,每相负载均为 3 个灯泡并联,测量中线电流,以及各相负载电压、电流;

(2) 有中线,断开 A1 相负载,B、C 相负载为 3 个灯泡并联,测量中线电流,以及各相负载电压、电流;

(3) 无中线,断开 A1 相负载,B、C 相负载为 3 个灯泡并联,测量各相负载电压、电流;

(4) 有中线但负载不对称,A、B、C 三相灯泡数之比为 1∶2∶3,测量中线电流,各相负载电压、电流;

(5) 无中线且负载不对称,A、B、C 三相灯泡数之比为 1∶2∶3,测量各相负载电压、电流,并用两瓦计法测量三相功率。

解:(1) 有中线且负载对称,测量电压、电流的仿真图见图 6-26。

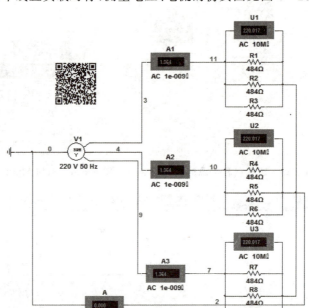

图 6-26　有中线且负载对称,测量电压、电流的仿真图

(2) 有中线,A1 相断开,测量电压、电流的仿真图见图 6-27。

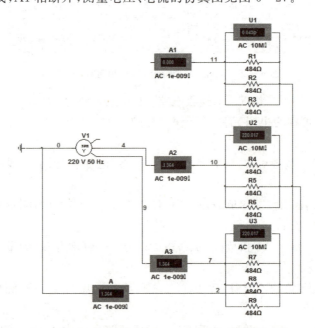

图 6-27　有中线,A1 相断开,测量电压、电流的仿真图

(3) 无中线,A1 相断开,测量电压、电流的仿真图见 6-28。

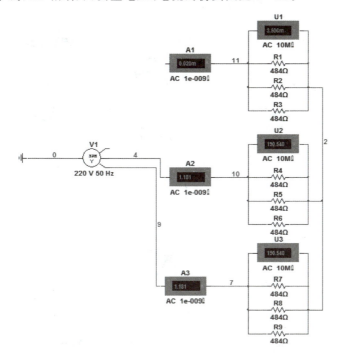

图 6-28　无中线,A1 相断开,测量电压、电流的仿真图

(4) 有中线但负载不对称,测量电压、电流的仿真图见图 6-29。

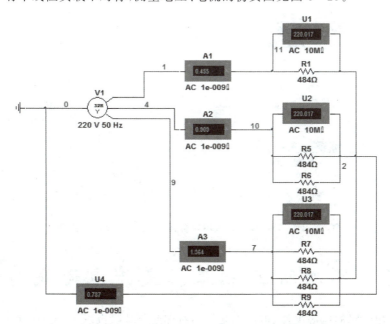

图 6-29　有中线但负载不对称,测量电压、电流的仿真图

(5) 无中线且负载不对称,测量电压、电流的仿真图见图 6-30。

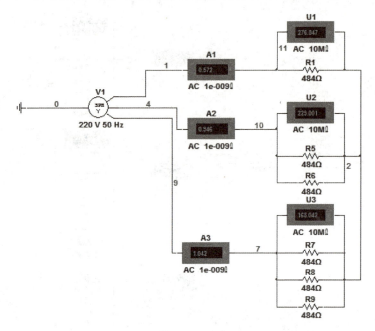

图 6-30　无中线且负载不对称,测量电压、电流的仿真图

无中线且负载不对称,测量三相功率的仿真图见图 6-31。

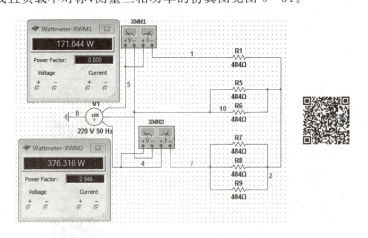

图 6-31　无中线且负载不对称,测量三相功率的仿真图

6.5　不对称三相正弦交流电路的分析

当三相电路的电源电压、电源内阻抗不对称或负载阻抗以及线路阻抗不对称时,将引起电路中各相电压、电流的不对称,这种电路称为不对称三相电路。

6.5.1 星形连接的不对称负载三相电路

1. 有中线 $Y_0 - Y_0$ 三相电路

图 6-32(a)中,各相照明负载不相等。为了简化问题,假设电源内阻抗和线路阻抗为零,且电路中仅有一组负载。下面通过一个例题来说明电路的工作情况。

【例 6-8】 图 6-32(a)中,三相四线制对称电源的电压为 380 V/220 V,白炽灯的额定电压为 220 V,每盏灯的额定功率为 100 W,求中线电流。

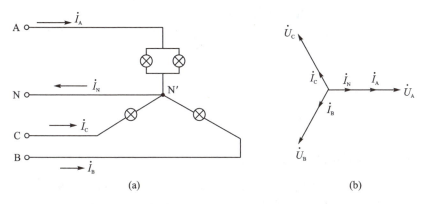

图 6-32 照明负载连接图及向量图

解:由于有中线,当忽略供电网线路压降时,负载的相电压便等于电源的相电压,负载是 Y 形连接,所以相电流等于线电流。

每盏灯的等效电阻 R_0 为

$$R_0 = \frac{U_N^2}{P_N} = \frac{220^2 \text{ V}^2}{100 \text{ W}} = 484 \text{ }\Omega$$

各相的负载电阻为

$$R_A = \frac{1}{2} \times 484 \text{ }\Omega = 242 \text{ }\Omega$$

$$R_B = R_C = 484 \text{ }\Omega$$

各相电流为

$$\dot{I}_A = \frac{220 \angle 0°}{242} \text{ A} = 0.909 \angle 0° \text{ A}$$

$$\dot{I}_B = \frac{220 \angle -120°}{484} \text{ A} = 0.455 \angle -120° \text{ A}$$

$$\dot{I}_C = \frac{220 \angle 120°}{484} \text{ A} = 0.455 \angle 120° \text{ A}$$

中线电流为各相电流的向量和,即

$$\dot{I}_N = \dot{I}_A + \dot{I}_B + \dot{I}_C = 0.455 \angle 0° \text{ A}$$

电压和电流的向量图如图 6-32(b)所示。

在低电压供电系统中,广泛采用三相四线制的原因之一就是接上中线后能使不对称 Y 形负载的各相电压对称,保证负载正常安全运行。通常尽量将负载均匀分配在各相电路中,中线中流过的电流一般小于相线的电流,因此中线导线的截面可以小于相线导线的截面。

忽略不计中线和相线的阻抗压降,仅是理想情况,实际上线路阻抗总不可能为零,由于三相负载不对称时各相线路的电压降不同,加之三相负载不对称时,中线阻抗也有压降,从而使得负载的线电压和相电压会稍微偏离理想的对称状况。

2. 无中线的 Y-Y 三相三线制系统

图 6-33(a)所示为负载不对称的 Y-Y 三相电路,选三相电源中点 N 为参考节点,根据节点电压法可求得负载中点与电源中点的电压为

$$\dot{U}_{N'N} = \frac{\dfrac{\dot{U}_A}{Z_A} + \dfrac{\dot{U}_B}{Z_B} + \dfrac{\dot{U}_C}{Z_C}}{\dfrac{1}{Z_A} + \dfrac{1}{Z_B} + \dfrac{1}{Z_C}} \tag{6-21}$$

由式(6-21)可知,如果负载对称、电压对称,则 $\dot{U}_{N'N}=0$,这时电源中点与负载中点等电位。如果负载不对称,一般情况下 $\dot{U}_{N'N}$ 不等于零,这说明电源中点和负载中点电位不相同。这时各电压的向量图如图 6-33(b)所示,由于负载中点 N′和电源中点 N 的点位不相等,故在向量图上 N 和 N′不重合,这一现象称为负载中点位移,即出现在向量图上的电压 $\dot{U}_{N'N}$。由于负载中点位移,使 Y 形负载各相电压不相等,负载各相电压为

$$\left.\begin{array}{l}\dot{U}_{AN'} = \dot{U}_A - \dot{U}_{N'N} \\ \dot{U}_{BN'} = \dot{U}_B - \dot{U}_{N'N} \\ \dot{U}_{CN'} = \dot{U}_C - \dot{U}_{N'N}\end{array}\right\} \tag{6-22}$$

显然,由于负载不对称将引起负载中点位移,使负载各相电压有的增高,如

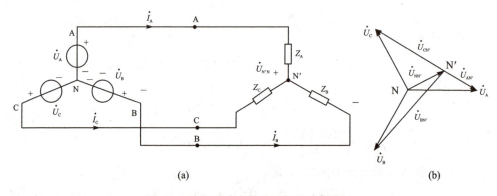

图 6-33 不对称负载的连接图及向量图

【例 6-9】 假设例 6-8 中三相四线制的中线断开,试求此时各相负载电压及功率。

解: 由于无中线,可用节点电压法先计算出负载中点电压:

$$\dot{U}_{\text{N'N}} = \frac{\dot{U}_A Y_A + \dot{U}_B Y_B + \dot{U}_C Y_C}{Y_A + Y_B + Y_C}$$

$$= \frac{\dfrac{220\angle 0°}{242} + \dfrac{220\angle -120°}{484} + \dfrac{220\angle 120°}{484}}{\dfrac{1}{242} + \dfrac{1}{484} + \dfrac{1}{484}} \text{ V} = 55\angle 0° \text{ V}$$

各相负载电压为

$$\dot{U}_{\text{AN'}} = \dot{U}_A - \dot{U}_{\text{NN'}} = 220\angle 0° \text{ V} - 55\angle 0° \text{ V} = 165\angle 0° \text{ V}$$

$$\dot{U}_{\text{BN'}} = \dot{U}_B - \dot{U}_{\text{NN'}} = 220\angle -120° \text{ V} - 55\angle 0° \text{ V} = 252\angle -130.8° \text{ V}$$

$$\dot{U}_{\text{CN'}} = \dot{U}_C - \dot{U}_{\text{NN'}} = 220\angle 120° \text{ V} - 55\angle 0° \text{ V} = 252\angle 130.8° \text{ V}$$

各相负载的功率为

$$P_A = \frac{U_{\text{AN'}}^2}{R_A} = \frac{165^2}{242} \text{ W} = 112.5 \text{ W}$$

$$P_B = \frac{U_{\text{BN'}}^2}{R_B} = \frac{252^2}{484} \text{ W} = 131.2 \text{ W}$$

$$P_C = \frac{U_{\text{CN'}}^2}{R_C} = \frac{252^2}{484} \text{ W} = 131.2 \text{ W}$$

由计算可知,由于中线断线,A 相电压由 220 V 降到 165 V、功率由 200 W 降到 112.5 W;B 相和 C 相电压由 220 V 升高到 252 V,功率由 100 W 增加到 131.2 W。因此,连接无中线星形负载时,必须注意负载的三相对称性。对于不对称负载,例如照明负载,应采用三相四线制供电线路,并且中线不允许接入熔断器和开关,以确保正常供电。

【例 6-10】 图 6-34(a)所示为一个简单的相序测定电路,它是由一个电容器和两个相同的白炽灯组成星形连接。为了便于分析,令 $1/(\omega C) = R$。在三相对称的情况下,试分析两灯的亮度与电源相序的关系。

解: 先求出负载中点的电压:

$$\dot{U}_{\text{N'N}} = \frac{j\omega C\dot{U}_A + \dfrac{1}{R}\dot{U}_B + \dfrac{1}{R}\dot{U}_C}{j\omega C + \dfrac{1}{R} + \dfrac{1}{R}} = \frac{j\omega C\dot{U}_A + \dfrac{1}{R}(-\dot{U}_A)}{j\omega C + \dfrac{2}{R}}$$

由于 $\omega C = \dfrac{1}{R}$,且令 $\dot{U}_A = U_P \angle 0°$

$$\dot{U}_{N'N} = \frac{j\frac{1}{R}\dot{U}_A + \frac{1}{R}(-\dot{U}_A)}{j\frac{1}{R}+\frac{2}{R}} = \frac{-1+j}{2+j}\dot{U}_A = (-0.2+j0.6)\dot{U}_A$$

$$= 0.63\dot{U}_A \angle 108.4° = 0.63 U_P \angle 108.4°$$

两灯承受的电压分别为

$$\dot{U}_{BN'} = \dot{U}_B - \dot{U}_{N'N} = U_P\angle-120° - 0.63U_P\angle 108.4° = 1.5U_P\angle-101.6°$$

$$\dot{U}_{CN'} = \dot{U}_C - \dot{U}_{N'N} = U_P\angle-120° - 0.63U_P\angle 108.4° = 0.4U_P\angle-138.4°$$

电压向量图如图 6-34(b)所示。

显然,B 相灯承受电压高、较亮;C 相灯承受电压低、较暗。这样,可以用图 6-34(a)所示的电路接到对称三相电源,以确定三相的相序,灯较亮的一相的相位超前较暗的一相 120°。

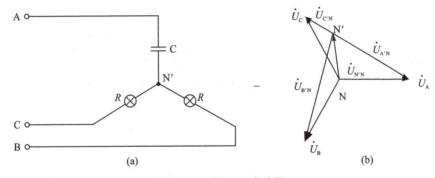

图 6-34 例 6-8 电路图

6.5.2 △形连接的不对称负载三相电路

【例 6-11】 图 6-35(a)所示电路负载为△形连接,设三相电源的额定线电压为 220 V,灯泡额定电压为 220 V,额定功率为 100 W,求各相电流及线电流。

解:选线电压 $\dot{U}_{AB}$ 为参考向量,则

$$\dot{U}_{AB} = 220\angle 0° \text{ V}$$

$$\dot{U}_{BC} = 220\angle -120° \text{ V}$$

$$\dot{U}_{CA} = 220\angle 120° \text{ V}$$

负载电阻:

$$R_A = R_C = \frac{U_N^2}{P_N} = \frac{220^2}{100}\ \Omega = 484\ \Omega$$

$$R_B = \frac{1}{2}\times 484 = 242\ \Omega$$

故相电流:

$$\dot{I}_{AB} = \frac{\dot{U}_{AB}}{R_A} = 0.455\angle 0° \text{ A}$$

$$\dot{I}_{BC} = \frac{\dot{U}_{BC}}{R_B} = 0.909\angle -120° \text{ A}$$

$$\dot{I}_{CA} = \frac{\dot{U}_{CA}}{R_C} = 0.455\angle 120° \text{ A}$$

线电流：

$$\dot{I}_A = \dot{I}_{AB} - \dot{I}_{CA} = 0.455\angle 0° \text{ A} - 0.455\angle 120° \text{ A} = 0.788\angle -30° \text{ A}$$

$$\dot{I}_B = \dot{I}_{BC} - \dot{I}_{AB} = 0.909\angle -120° \text{ A} - 0.455\angle 0° \text{ A} = 1.203\angle -139.1° \text{ A}$$

$$\dot{I}_C = \dot{I}_{CA} - \dot{I}_{BC} = 0.455\angle 120° \text{ A} - 0.909\angle -120° \text{ A} = 1.203\angle 76.8° \text{ A}$$

电流向量图如图 6-35(b)所示。

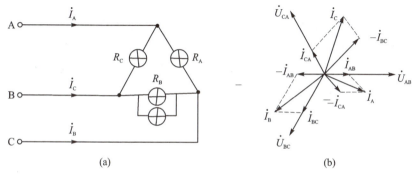

图 6-35 例 6-9 电路图

由以上例题计算结果可知，△形连接不对称负载的相电流是不对称的，线电流也是不对称的。当不对称的线电流数值较大时，会引起供电线路各相的压降不相同，将使负载的线电压偏离理想对称状态。

想一想

如果图 6-36 中三个灯泡的阻抗值不等，断开中性线后，三个灯泡的电压和电流还相等吗？应该怎样计算？

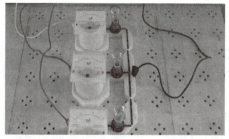

图 6-36

6.6 安全用电

安全用电可保证人身安全和设备安全。当人体触电时,可能造成触电者受伤甚至死亡;当电气设备发生故障时,不仅会损坏设备,而且容易引起火灾,给国家财产造成重大损失。

6.6.1 触电的危险和预防

如果不遵守安全操作规程,忽视安全保护措施,接触或过分靠近电气设备裸露的带电部分或接触到因绝缘损坏而带电的电气设备金属外壳、金属构架等,就可能会发生人体触电事故。按人体受损伤的程度不同,人体触电事故可分为两种情况:一种是人体外部严重灼伤,机体组织碳化、坏死等永久性损伤;另一种是内伤,即电流通过人体时,造成人体内部器官的损伤,严重时能致人死亡。

触电时流经人体的电流越大,伤害就越严重,科学实验报告确认,通过人体的致命电流约为 50 mA。触电伤害的程度还与电源的频率有关,当电源频率为 40～60 Hz 时,电流对人体的伤害最为严重。人体的电阻主要在皮肤的表层部分,在干燥的环境且皮肤保持清洁的情况下,其电阻为 10～100 kΩ;但当皮肤处于潮湿状态时人体电阻会下降到 1 kΩ 左右;当皮肤受损伤时,人体电阻更会下降到 100 Ω 左右。应当指出,人体触电时,人体电阻值不是固定的,随着电压的增加和触电时间的增加而减小。

1. 安全电压与安全用电要求

为了减少触电事故的发生,根据用电环境的不同,我国规定了不同环境下的安全电压:

➢ 在木板或瓷块结构等危险性较低的建筑物中,规定为 36 V;
➢ 在钢筋混凝土结构等具有危险性的建筑物中,规定为 24 V;
➢ 在化工车间、金属结构等特别危险的建筑物中,规定为 12 V。

应当指出,并不是说在上述建筑物中就一定要求所有电气设备都只能采用规定的安全电压,例如电动机的电源电压仍然经常使用 380 V/220 V 低压电源,但是有些需要人体随时携带的设备,如施工中的手提灯等则需要符合安全电压标准。为了实现安全用电,防止触电事故的发生,国家有关用电的标准都有相应的规定。例如,电气设备中裸露的带电体应该放到人体一般接触不到的高度或加遮拦,避免人体触及带电导体;要求各种电气设备的金属外壳要接地或接零线,以免电气设备绝缘损坏时使金属外壳带电,造成人体触电事故。

2. 触电方式及防护要求

人体触电的方式很多,一般可分为直接触电和间接触电两类。直接触电是指人体直接与带电导体相接触而发生的触电事故;间接触电是指由于电气设备绝缘损坏和金属外壳带电时,人体触及金属外壳而发生的触电事故。从电气线路来看,直接触电可分为单线触电和双线触电。单线触电又分为中线接地的三相电源触电和中线不接地的三相电源触电两种情况。中线接地系统的单线触电如图 6-37(a)所示,当人体碰到三相中任一根火线时,电流从火线经人体再经大地回到电源中点,这时人体所承受的电压为电源相电压,这是很危险的,电源中点不接地系统的单线触电如图 6-37(b)所示,当人体碰到一根火线时,由于输电线与大地之间有分布电容存在,电流也会通过人体形成通路,这同样是危险的。双线触电是人体同时接触到两根电源火线,此时加在人体上的电压是电源的线电压,大部分电流通过人体心脏,其后果最为严重,如图 6-37(c)所示。

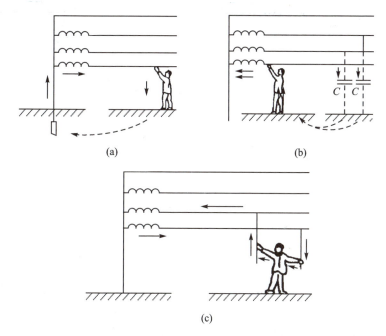

图 6-37 人体触电的几种情况

为了防止人身触电事故的发生,要求供电人员和用电人员严格遵守安全操作规程,一般不允许带电作业(高压带电作业例外,它有专用安全设施、操作规程和批准程序)。停电作业时,电气设备和线路的两端要求三相用导线短路并接地,停电设施要有醒目的"不准合闸"的警告牌,电气设备要严格按有关安全标准的要求进行接地和接零保护。

6.6.2 电气设备的接地与接零

将电气设备的任何部分与大地进行良好的电气连接,称为接地。埋入大地直接与土壤接触的金属物体叫接地体。接地体与电气设备的金属连接线称接地线,接地体与接地线合称为接地装置。

电气设备采取接地和接零的目的是确保人身安全及电气设备的安全和良好运行。一般可分为工作接地、保护接地和保护接零三种,如图 6-38 所示。

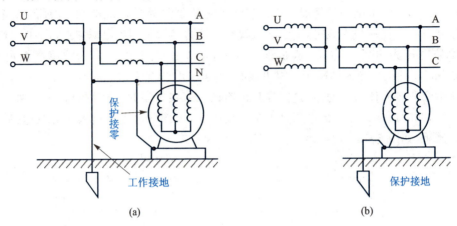

图 6-38　电气设备的接地和接零保护

1. 工作接地

为了保证电力系统安全正常运行,将三相电源的中点接地,这时的中线通常又称地线。工作接地的作用有以下三方面。

(1) 降低触电电压

如果中点不接地,当一相接地时,若人体触及另外两相中的一相,这时触电电压是电源的线电压,它是电源相电压的$\sqrt{3}$倍;而在中线接地的系统中,人体一旦触电,其触电电压是电源的相电压。

(2) 迅速切断故障设备

在中线接地的系统中,一相接地后接地电流较大(接近单相短路电流),保护装置迅速动作,切断故障设备。而在中线不接地的系统中,当一相接地时,接地电流很小不足以使保护装置动作,接地故障不易被发现,故障长期持续下去很不安全。因此,对安全要求高的场所,对中线不接地系统需增设灵敏的漏电保护装置。

(3) 降低电气设备对地绝缘水平的要求

中点不接地的系统中,一相接地时将使另外两相的对地电压升高为线电压,而在中点接地的系统中则接近于相电压,故降低了对电气设备和输配电线路绝缘水平的要求,这样就提高了电气设备运行的安全可靠性并能节省投资,这对数量众多的低压配电设备和用电设备是很有价值的。

2. 保护接地

所谓保护接地就是将正常情况下不带电的电气设备的金属外壳接地。保护接地多用于电源中点不接地的低压系统及高压电气设备。在中点不接地的系统中,当系统中某台电动机或电气设备因内部绝缘损坏而使金属外壳带电时,如果这时人体触及机壳,由于线路与大地间存在着分布电容,将有电流通过人体与分布电容构成的回路,相当于单线触电,造成人身事故,见图 6-39(a)。如果设备机壳通过接地装置与大地有良好的接触,当人体触及设备外壳时,人体相当于接地装置的一条并联支路,由于人地电阻 R_b(至少有 1 000 Ω)比接地装置的接地电阻 R_0(通常为 4~10 Ω)大得多,即 $R_b \gg R_0$,通过人体的电流就很小,就避免了触电的危险,如图 6-39(b)所示。

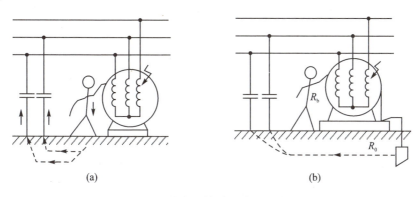

图 6-39 中点不接地系统的接地保护

3. 保护接零

在 1 000 V 以下的中点接地良好的三相四线制低压供电系统中,例如 380 V/220 V 系统,电气设备的金属外壳或金属构架应该与系统的零线相接,即保护接零。

采取保护接零后,当电气设备绝缘损坏时,将产生一相电源短路,产生的短路电流远超过保护电器(如熔断器)的动作电流值,使保护电器动作,将故障设备切断电源,防止人体触电,如图 6-40(a)所示。

必须指出:对于中点接地的三相四线制系统,只能采取保护接零而不能采用保护接地,因为保护接地不能有效地防止人体触电事故的发生。

以图 6-40(b)所示的中点接地系统为例,当采用保护接地时,设备的接地电阻 $R_d=4$ Ω,电源系统的中点接地电阻 $R_0=4$ Ω。当被保护的设备的绝缘损坏时将发

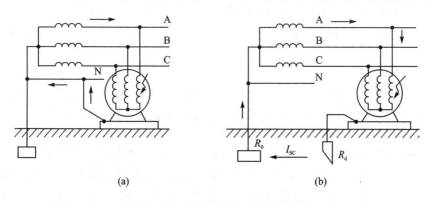

图 6-40 中点接地系统的接零保护

生碰壳接地故障,这时接地电流为

$$I_{sc} = \frac{U_p}{R_0 + R_d} = \frac{220}{8} \text{ A} = 27.5 \text{ A}$$

为了保证保护电器能可靠动作,接地电流不应小于继电器保护装置动作电流的 1.5 倍(或熔丝额定电流的 3 倍)。因此,27.5 A 的接地电流只能保证可靠地断开动作电流不超过 18.3 A(即 27.5 A/1.5＝18.3 A 的继电保护装置,或额定电流不超过 9.2 A 的熔丝)。如果电气设备容量较大,就得不到保护,接地电流长时间存在,外壳也将长时间带电,共对地电压为 110 V($U_d = I_{sc} \cdot R_d = 27.5 \text{ A} \times 4 \text{ } \Omega = 110 \text{ V}$),此电压对人体是不安全的。

对于中点接地的三相四线制系统,如果系统接有多台用电设备,其中一台设备错误地采用了保护接地而其余设备是采用保护接零,那么这种做法是非常危险的。因为采用保护接地的设备因绝缘损坏发生端线碰壳接地,又因设备容量较大,故外壳将长期带电,并且零线与火线之间出现电压,这一电压等于接地电流乘以中点的接地电阻,在 380 V/220 V 系统中,零线电压 $U_0 = I_{sc} \cdot R_0 = 27.5 \text{ A} \times 4 \text{ } \Omega = 110 \text{ V}$,于是其他接零设备的外壳对地都有 100 V 的电压存在,在实际工作中一定要禁止出现这种接法。

4. 特殊设备的接地与接零

(1) 矿井和坑道中的电气设备

矿井和坑道中的电气设备一般采用中点不接地系统,所有电气设备的外壳均应接地,为确保安全,设备常装设故障自动切除装置。因为矿井和坑道中环境十分潮湿,人体电阻变得很小(1 000 Ω 左右),如果采用中点接地的 380 V/220 V 系统,其单线触电电流远大于人体安全电流,即

$$\frac{220 \text{ V}}{1\,000 \text{ } \Omega} = 0.22 \text{ A} = 220 \text{ mA} \gg 50 \text{ mA}$$

另外,井下坑道中多有井下水,矿井中煤炭和金属矿石都是良导体,一旦发生输电线路接地,接地电流在大地中流动形成电压降(又称跨步电压)危及施工人员安全。如前所述,此接地电流将使电源中线带电,使所有保护接零的设备机壳对大地有电压,很不安全,因此矿井和坑道中的电气设备不允许采用中点接地系统。

(2) 移动式电气设备

如果是中点接地的三相四线制系统,则采用保护接零;如果是由中点不接地系统供电,由于不便安装接地装置,则可采用漏电保护装置进行保护。

采用保护接地和保护接零时必须注意:

① 中点接地的三相四线制系统中,只能采用保护接零而不能采用保护接地。

② 中点不接地的系统中,只能采用保护接地,而不允许采用保护接零。因为此系统一旦发生一相接地,系统可继续运行,这时大地与接地的端线同电位,即中线对地的电压为相电压,那么接零设备的外壳对地的电压也是相电压,这是很不安全的。

③ 接地、接零的导线必须牢固，以防脱线，保护接零的连线上不允许装设熔断器和开关，为了在相线碰壳接地时能使保护电器可靠动作，要求接零导线的阻抗不要太大。

思一思
1. 你知道图 6-41 所示的这个孔有什么作用吗？
2. 你知道为什么电动机工作时必须要可靠接地（见图 6-42）吗？

图 6-41　　　　　　　　　　图 6-42

 小提示：接地和接零不能混用

当 M_2 发生碰壳事故时，若同时触到接地设备外壳和接零设备外壳（见图 6-43），人体将承受相电压。

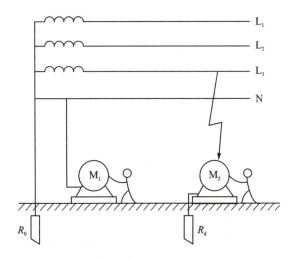

图 6-43

习 题

6-1 已知星形连接对称三相电源的相电压是 6 kV,它的线电压是多少? 如果已知 $u_A = U_m \sin \omega t$ kV,请写出其他二相的相电压和所有线电压的三角函数式、向量表示式,并画出向量图。

6-2 三个相等的阻抗 $Z = (8+j3)\Omega$,Y 形连接到线电压为 380 V 的对称三相电源上,求负载相电流、线电流及有功功率,并画出向量图。

6-3 将题 6-2 的负载连接改为△形,接到线电压为 220 V 的三相对称电源上,求相电流、线电流及有功功率,并与题 6-2 结果比较。

6-4 已知对称三相电路的 Y 形负载 $Z = (165+j84)$ Ω,线路阻抗 $Z_L = (2+jt)$ Ω,中线阻抗 $Z_N = (1+j1)$ Ω,线电压 $U_L = 380$ V,求负载端电流和线电压,并作向量图。

6-5 已知对称三相电路的线电压 $U_L = 380$ V,△形连接负载 $Z = (4.5+j14)$ Ω,线路阻抗为 $Z_L = (1.5+j2)$ Ω,求线电流和负载的相电流,并作向量图。

6-6 三相四线制供电系统,三相对称电源线电压为 380 V,供某宿舍楼照明,各相负载均为 220 V、60 W 的白炽灯,A 相 150 盏,B 相 100 盏,C 相 100 盏。求:

(1) 当负载全部用电时的线电流和中线电流;

(2) 若 A 相负载断开,此时各线电流和中线电流;

(3) 若中线断开,将发生什么现象?

6-7 三相四线制供电系统,线电压为 380 V,如图 6-44 所示,各相负载 $R = X_L = X_C = 10$ Ω。求各相电流、中线电流、三相功率并画出向量图。

6-8 已知图 6-45 中对称三相电源线电压为 380 V,$Z = (6.4+j4.8)$ Ω,$Z_L = (6.4+j4.8)$ Ω。求负载 Z 的相电压、线电压和电流。

6-9 什么是安全电压? 如何选用安全电压?

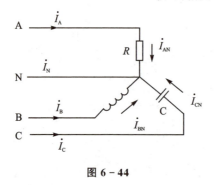

图 6-44

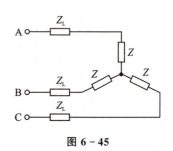

图 6-45

【仿真设计】三相正弦交流电路的仿真验证

1. 实训目的

① 熟练运用 Multisim 仿真软件进行三相电路的仿真和测量。

② 加深对三相电路的理解。

③ 加深对中性线作用的理解。

④ 掌握三相电路电压、电流和有功功率的测量方法。

⑤ 能熟练进行理论计算与仿真结果的验证分析。

2. 实训原理

① 三相四线制系统。

② 三相三线制系统。

3. 实训电路

打开工作界面,创建三相交流电路,设置合适参数,绘制三相四线制 Y - Y 仿真实验电路图和三相三线制 Y -△仿真电路,并进行仿真。观察电源电压波形图,在负载对称和不对称的情况下,测量相电压、线电压、相电流和线电流,并分析它们的关系。

4. 实训内容

① 三相电路电压和电流测量。

② 三相电路有功功率测量。

③ 三相电路相序测量。

④ 将上面的测量数据记入表中,并对结果进行分析。

⑤ 将理论分析结果与仿真结果对比比较,验证各分析方法的准确性。

5. 实训分析

① 总结实训结论。

② 对实训过程中的错误进行分析。

项目 7　互感耦合电路分析与仿真

互感耦合电路是特殊的正弦交流电路,其特殊之处就在于应考虑电感线圈之间具有磁耦合的影响。互感现象在电气工程、电子工程、通信工程和测量仪器等方面得到了广泛应用,如输配电用的电力变压器,测量用的电流互感器、电压互感器,收音机、电视机中的中周振荡线圈等都是根据互感原理制成的。另外,互感也会给某些设备的工作带来负面影响,如:电话的串音干扰就是由于长距离相互平行架设的电线之间的互感造成的。学习本项目的同时,应着力思考智能技术如何服务于产业升级,提高知识迁移和技能应用能力。

☞ **知识目标:**
① 了解自感现象,理解互感现象。
② 掌握互感线圈的串联、并联时等效电感的计算。

☞ **技能目标:**
会判断互感线圈的同名端的方法。

7.1　互　感

概要导览

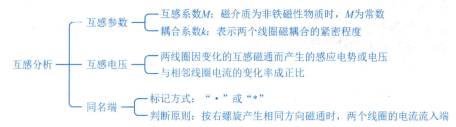

7.1.1　互感现象

图 7-1(a)所示为相互邻近的两个线圈Ⅰ、Ⅱ,N_1 和 N_2 分别表示两线圈的匝数。当线圈Ⅰ有电流 i_1 流过时,产生自感磁通 Φ_{11} 和自感磁链 $\psi_{11}=N_1\Phi_{11}$。Φ_{11} 的一部分穿过了线圈Ⅱ,这一部分磁通称为互感磁通 Φ_{21}。同样,在图 7-1(b)中,当线圈Ⅱ通有电流 i_2 时,它产生的自感磁通 Φ_{22} 的一部分穿过了线圈Ⅰ,称为互感磁通 Φ_{12}。这种由于一个线圈通过电流,所产生的磁通穿过另一个线圈的现象,叫磁耦合。

当 i_1、i_2 变化时,引起 Φ_{21}、Φ_{12} 的变化,导致线圈Ⅰ与Ⅱ产生互感电压,这种现象称为互感现象。

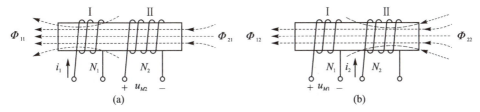

图 7-1 两个线圈的互感

7.1.2 互感系数 M

在图 7-1(a)所示线圈Ⅱ中,设 Φ_{21} 穿过线圈Ⅱ的所有各匝,则线圈Ⅱ的互感磁链 $\psi_{21} = N_2 \Phi_{21}$。由于 ψ_{21} 是由线圈Ⅰ中的电流 i_1 产生的,因此 ψ_{21} 是 i_1 的函数。当线圈周围空间是非铁磁性物质时,ψ_{21} 与 i_1 成正比。若磁通与电流的参考方向符合右手螺旋定则,则 $\psi_{21} = M_{21} i_1$。其中,M_{21} 称为线圈Ⅰ对线圈Ⅱ的互感系数,简称互感。

同理,在图 7-1(b)中,互感磁链 $\psi_{12} = N_1 \Phi_{12}$ 是由线圈Ⅱ中的电流 i_2 产生的,因此 $\psi_{12} = M_{12} i_2$。M_{12} 称为线圈Ⅱ对线圈Ⅰ的互感。

可以证明,$M_{12} = M_{21}$,当只有两个线圈时,可略去下标,用 M 表示,即

$$M = M_{12} = M_{21} = \frac{\psi_{21}}{i_1} = \frac{\psi_{12}}{i_2}$$

在国际单位制(SI)中,M 的单位为亨利,符号为 H。

应当指出:当磁介质为非铁磁性物质时,M 是常数。互感 M 与两个线圈的几何尺寸、匝数、相对位置有关。这里讨论的互感 M 均为常数。

7.1.3 耦合系数 k

工程中常用耦合系数 k 表示两个线圈磁耦合的紧密程度,耦合系数定义为

$$k = \frac{M}{\sqrt{L_1 L_2}}$$

由于互感磁通是自感磁通的一部分,因此 $k \leqslant 1$,当 k 约为 0 时,为弱耦合;当 k 近似为 1 时,为强耦合;当 $k = 1$ 时,称两个线圈为全耦合,此时的自感磁通全部为互感磁通。

两个线圈之间的耦合程度或耦合系数的大小与线圈的结构、两个线圈的相互位置以及周围磁介质的性质有关。如果两个线圈靠得很紧或紧密地绕在一起,如图 7-2(a)所示,则 k 值可能接近于 1。反之,如果它们相隔很远,或者它们的轴线相互垂直,如图 7-2(b)所示,线圈Ⅰ所产生的磁通不穿过线圈Ⅱ,而线圈Ⅱ产生的磁通穿过线圈Ⅰ时,线圈上半部和线圈下半部磁通的方向正好相反,其互感作用相互抵消,则 k 值就很小,甚至可能接近于零。由此可见,改变或调整它们的相互位置可以

改变耦合系数的大小,当 L_1、L_2 一定时,也就相应地改变互感 M 的大小。应用该原理可制作可变电感器。

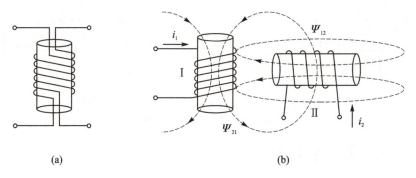

图 7-2 互感线圈的耦合系数与相互位置的关系

在电力、电子技术中,为了利用互感原理有效地传输功率或信号,总是采用极紧密的耦合,使 k 值尽可能接近于 1,通过合理地绕制线圈以及采用铁磁材料作为磁介质可以实现这一目的。

若要尽量减小互感的影响,以避免线圈之间的相互干扰,除合理地布置这些线圈的相互位置外,还可以采用磁屏蔽措施。

7.1.4 互感电压

两线圈因变化的互感磁通而产生的感应电势或电压称为互感电势或互感电压。

在图 7-3(a)中,当线圈 Ⅰ 中的电流 i_1 变动时,在线圈 Ⅱ 中产生了变化的互感磁链 ψ_{21},而 ψ_{21} 的变化将在线圈 Ⅱ 中产生互感电压 u_{M2}。如果选择电流 i_1 的参考方向以及 u_{M2} 的参考方向与 ψ_{21} 的参考方向都符合右手螺旋定则,则有以下关系式:

$$u_{M2} = \frac{\mathrm{d}\psi_{21}}{\mathrm{d}t} = M\frac{\mathrm{d}i_1}{\mathrm{d}t}$$

同理,在图 7-3(b)中,当线圈 Ⅱ 中的电流 i_2 变动时,在线圈 Ⅰ 中也会产生互感电压 u_{M1},当 i_2 与 ψ_{12} 以及 ψ_{12} 与 u_{M1} 的参考方向均符合右手螺旋定则时,有以下关系式:

$$u_{M1} = \frac{\mathrm{d}\psi_{12}}{\mathrm{d}t} = M\frac{\mathrm{d}i_2}{\mathrm{d}t}$$

可见,互感电压与产生它的相邻线圈电流的变化率成正比。

当两线圈中通入正弦交流电流时,互感电压与电流的向量关系表示为

$$\dot{U}_{M2} = \mathrm{j}\omega M\dot{I}_1 = \mathrm{j}X_M\dot{I}_1$$

$$\dot{U}_{M1} = \mathrm{j}\omega M\dot{I}_2 = \mathrm{j}X_M\dot{I}_2$$

式中,$X_M = \omega M$ 具有电抗的性质,称为互感电抗,单位与自感电抗相同,为欧姆(Ω)。

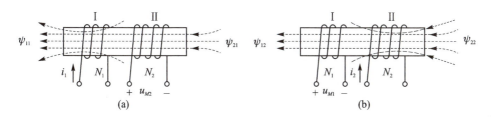

图 7-3 互感线圈的电压与电流

7.1.5 互感线圈的同名端

在工程中,对于两个或两个以上有电磁耦合的线圈,常常要知道互感电压的极性。如:LC 正弦振荡器中,必须正确地连接互感线圈的极性,才能产生振荡。然而互感电压的极性与电流(或磁通)的参考方向及线圈的绕向有关。但在实际情况下,线圈往往是密封的,看不到绕向,并且在电路图中绘出线圈的绕向是很不方便的,采用标记同名端的方法可解决这一问题。

工程上将两个线圈通入电流,按右螺旋产生相同方向磁通时,两个线圈的电流流入端称为同名端,用符号"·"或"*"等标记。如图 7-4 所示,线圈 I 的"1"端点与线圈 II 的"2"端点(1′与 2′)为同名端。采用同名端标记后,就可以不用画出线圈的绕向,如图 7-4(a)所示的两个互感线圈,用图 7-4(b)所示的互感电路符号表示。

采用同名端标记后,互感电压的方向可以由电流对同名端的方向确定,即互感电压与产生它的电流对同名端的参考方向一致。图 7-4(b)中,线圈 I 中的电流 i_1 是由同名端流向非同名端;在线圈 II 中产生的互感电压 u_{M2} 也是由同名端指向非同名端。

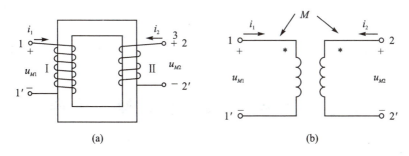

图 7-4 互感线圈的同名端及互感的电路符号

【例 7-1】 电路如图 7-5 所示,试判断同名端。

解:根据同名端的定义,图 7-5(a)中 2、4、5 为同名端或 1、3、6 为同名端,图 7-5(b)中 1、3 为同名端或 2、4 为同名端。

根据同名端与互感电压参考方向标注原则,在实际工作中,可利用实验方法判别同名端。

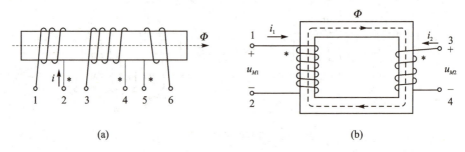

图 7-5 判断线圈的同名端

直流判别法是依据同名端定义以及互感电压参考方向标注原则而归纳出的一种实用方法。其判别方法如下：

如图 7-6 所示，两磁耦合线圈的绕向未知的电路，在开关 S 合上的瞬间，电流从 1 端流入，此时若电压表指针正偏，说明 3 端为高电位端，因此 1、3 端为同名端；若电压表指针反偏，说明 4 端为高电位端，即 1、4 端为同名端。

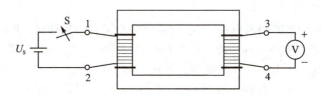

图 7-6 直流法判断同名端

思一思

1. 互感系数 M 的大小与哪些因素有关？
2. 为了使收音机中的电源变压器与输出变压器彼此不发生互感现象，即 $K=0$，应采取什么措施？
3. 两耦合线圈的 $L_1=0.01$ H, $L_2=0.04$ H, $M=0.01$ H, 试求其耦合系数 k。

7.2 互感线圈的串联、并联

概要导览

7.2.1 互感线圈的串联

具有互感的两线圈有两种串联方式——顺向串联和反向串联。

两个互感线圈流过同一电流,且电流都是由线圈的同名端流入(出)(即异名端相接),这种连接方式称为顺向串联。根据基尔霍夫电压定律,当电流与电压参考方向如图7-7(a)所示时,线圈Ⅰ两端的电压为

$$u_1 = u_{L1} + u_{M1} = L_1 \frac{\mathrm{d}i}{\mathrm{d}t} + M \frac{\mathrm{d}i}{\mathrm{d}t}$$

上式包含两项:一项是电流 i 所产生的自感电压 $u_{L1} = L_1 \frac{\mathrm{d}i}{\mathrm{d}t}$,另一项是电流 i 通过线圈Ⅱ时在线圈Ⅰ中所产生的互感电压 u_{M1}。由于 u_{M1} 的参考方向与产生它的电流 i 对同名端是一致的,因此 $u_{M1} = M \frac{\mathrm{d}i}{\mathrm{d}t}$;又因为 u_{M1} 与 u_1 的参考方向一致,所以 u_{M1} 前面取正号。

同理,线圈Ⅱ两端的电压为

$$u_2 = u_{L2} + u_{M2} = L_2 \frac{\mathrm{d}i}{\mathrm{d}t} + M \frac{\mathrm{d}i}{\mathrm{d}t}$$

式中,$u_{M2} = M \frac{\mathrm{d}i}{\mathrm{d}t}$ 为电流 i 通过线圈Ⅰ时在线圈Ⅱ中所产生的互感电压。

电路的总电压为

$$u = u_1 + u_2 = (L_1 + L_2 + 2M) \frac{\mathrm{d}i}{\mathrm{d}t} = L_a \frac{\mathrm{d}i}{\mathrm{d}t}$$

其中

$$L_a = L_1 + L_2 + 2M$$

为顺向串联时两线圈的等效电感。

当两线圈以图7-7(b)所示方式连接时,电流都是由线圈的异名端流入(或流出)(即同名端相接),这种连接方式称为反向串联。同理,可推出反向连接时两线圈的等效电感为

$$L_b = L_1 + L_2 - 2M$$

由上述分析可知,当互感线圈顺向串联时,等效电感增加;反向串联时,等效电感减小,有削弱电感的作用。由于互感磁通是自感磁通的一部分,所以 $(L_1 + L_2) > 2M$,即 $L_b > 0$,因此全电路仍为感性。

在电源电压不变的情况下,顺向串联,电流减小;反向串联,电流增大。

对于线圈的感应电压,当两线圈电流均从同名端流入或流出时,线圈中磁通相助,互感电压与该线圈中的自感电压同号,即自感电压取正号时互感电压也取正号,自感电压取负号时互感电压也取负号;否则当两线圈电流均从异名端流入或流出时,线圈中磁通相消,故互感电压与该线圈中的自感电压异号,即自感电压取正号时互感

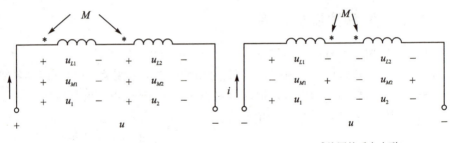

(a) 互感线圈的顺向串联　　　　　(b) 互感线圈的反向串联

图 7-7　具有互感的两线圈的两种串联方式

电压取负号,自感电压取负号时互感电压取正号。

【例 7-2】 电路如图 7-8 所示,已知 $L_1=1$ H,$L_2=2$ H,$M=0.5$ H,$R_1=R_2=1$ kΩ,$U_S=100\sqrt{2}\sin 628t$ V,试求电流 i。

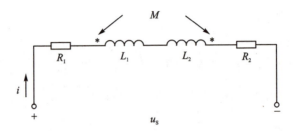

图 7-8　例 7-2 图

解:利用向量关系式求解

$$Z = R_1 + R_2 + j\omega(L_1 + L_2 - 2M) = 2\,000 + j628(1+2-2\times0.5)\ \Omega$$

$$= 2\,000\ \Omega + j1\,256\ \Omega = 2\,362 \angle 32.1°\ \Omega$$

$$\dot{U}_S = 100 \angle 0°\ V$$

$$\dot{I} = \frac{\dot{U}_S}{Z_i} = \frac{100 \angle 0°}{2362 \angle 32.1°}\ A = 42.3 \angle -32.1°\ mA$$

$$i = 42.3\sqrt{2}\sin(628t - 32.1°)\ mA$$

7.2.2　互感的线圈并联

具有互感的两线圈并联时,也有两种接法:一种是同名端在同一侧,称为同侧并联;另一种是同名端在异侧,称为异侧并联,分别如图 7-9(a)、(b)所示。

下面分别对两种不同接法的电路进行分析。当两个互感线圈同侧并联时,各量的参考方向如图 7-9 所示,应用向量形式,根据基尔霍夫定律列出如下算式:

对于支路 1　　　　　$\dot{U} = j\omega L_1 \dot{I}_1 + j\omega M \dot{I}_2$

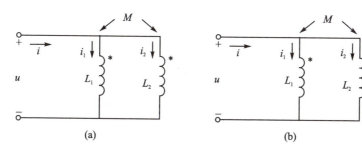

图 7-9 互感线圈的并联

对于支路 2 $$\dot{U} = j\omega L_2 \dot{I}_2 + j\omega M \dot{I}_1$$

现将 $\dot{I} = \dot{I}_1 + \dot{I}_2$ 代入上述方程，可得

$$\dot{U} = j\omega(L_1 - M)\dot{I}_1 + j\omega M \dot{I}$$

$$\dot{U} = j\omega(L_2 - M)\dot{I}_2 + j\omega M \dot{I}$$

由上面的式子不难看出，可以用图 7-10(a) 所示电路来代替图 7-9(a) 所示电路。图 7-10(a) 是图 7-9(a) 消去互感后的等效电路，对于这个电路，可以使用无互感的正弦交流电路的分析方法进行计算。其阻抗值为

$$Z = j\omega M + \frac{j\omega(L_1 - M) \cdot j\omega(L_2 - M)}{j\omega(L_1 + L_2 - 2M)}$$

$$= j\omega \frac{L_1 L_2 - M^2}{L_1 + L_2 - 2M} = j\omega L_{tc}$$

其中，L_{tc} 为互感线圈同侧并联的等效电感，即

$$L_{tc} = \frac{L_1 L_2 - M^2}{L_1 + L_2 - 2M} \tag{7-1}$$

同理，L_{yc} 为互感线圈异侧并联的等效电感，即

$$L_{yc} = \frac{L_1 L_2 - M^2}{L_1 + L_2 + 2M} \tag{7-2}$$

比较式 (7-1) 与式 (7-2) 可知，同名端相接（同侧并联）时，耦合电感并联的等效电感较大；反之，异名端相接（异侧并联）时，则等效电感较小。因此，应注意同名端的连接对等效电路参数的影响。

图 7-10(b) 所示为图 7-9(b) 消去互感后的等效电路。

把含互感的电路化为等效的无互感电路的方法称为互感消去法，或去耦法。应用去耦法，解决了互感串、并联电路等效电感的求解。

想一想

什么是顺向串联？什么是反向串联？它们的等效电感如何计算？

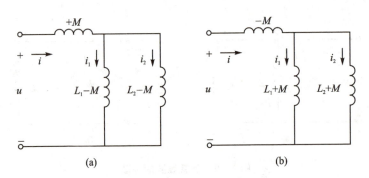

图 7-10 消去互感后的电路

7.2.3 T形等效电路

去耦法也适合处理 T 形等效电路，如图 7-11 所示。

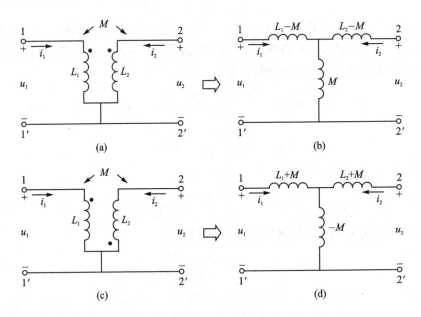

图 7-11 T形去耦等效电路

7.3 互感应用实例

变压器是利用电磁感应原理传输电能或电信号的器件。比如在电力系统中用电力变压器把发电机输出的电压升高后进行远距离传输，到达目的地后再用变压器把电压降低以方便用户使用，以此减少传输过程中电能的损耗；在电子设备和仪器中常用小功率电源变压器改变市电电压,再通过整流和滤波,得到电路所需的直流电压;在放大电路中用耦合变压器传送信号或进行阻抗的匹配等。

变压器通常有一个一次绕组和一个二次绕组,其中一次绕组接电源,二次绕组接负载,能量可以通过磁场的耦合由电源传递给负载。

常用的实际变压器有空芯变压器和铁芯变压器两种类型。所谓空芯变压器由两个绕在非铁磁材料制成的芯子上并且具有互感的绕组组成,其耦合系数较小,属于松耦合;铁芯变压器由两个绕在铁磁材料制成的芯子上并且具有互感的绕组组成,其耦合系数可接近于1,属于紧耦合。空芯变压器也称为耦合电感,广泛用于无线电、电视、测量仪器和通信电路的调谐回路。铁芯变压器具有变换电压、变换电流、变换阻抗等作用,广泛用于电力、电气、电子技术领域。

习 题

7-1 有一放大器相当于一个 $U=200$ V、内阻为 $R_S=25$ kΩ 的电源,扬声器的阻抗 R_L 为 10 Ω。今欲使扬声器得到最大功率,试问在电源和负载间应接入匝数比为多少的变压器?并求 R_L 吸收的功率是多少?

7-2 如图 7-12 所示变压器电路,在正弦稳态下,试求负载 R_L 吸收的功率。

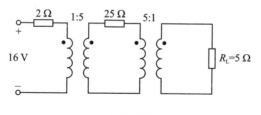

图 7-12

7-3 已知图 7-13 所示全耦合变压器电路中,$R_1=10$ Ω,$\omega L_1=10$ Ω,$\omega L_2=1\,000$ Ω,$\dot{U}_1=10\angle 0°$ V,求 ab 端口的等效电压源。

7-4 已知图 7-14 所示电路中,$L_1=L_2=1$ H,$R_L=10$ Ω,$\omega=10$ rad/s,$U_1=100$ V,取 $k=1$,试求 $\dot{I}_1$ 和 $\dot{I}_2$。

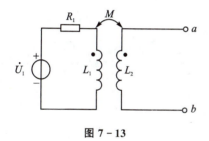

图 7-13

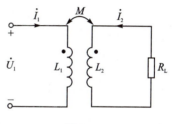

图 7-14

7-5 如图 7-15 所示电路,设电路各参数均已知,欲使 $\dot{I}_2=0$ A,那么电源频率应为何值?

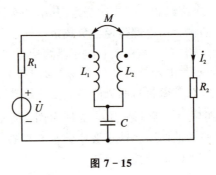

图 7-15

项目 8 磁路与变压器分析与仿真

变压器是根据电磁感应原理制成的电气设备,是一种静止的电机。它具有变换电压、变换电流和变换阻抗的功能,在电工技术、电子技术、自动控制系统等诸多领域中获得了广泛的应用。分析电力系统中变压器的原理与结构,旨在把握整体与局部、创新与节能的工程思维和品质意识。

☞知识目标:
① 熟悉磁路、磁通势和磁阻的概念;
② 了解消磁与充磁的原理和方法;
③ 掌握磁化现象、磁滞和涡流损耗;
④ 了解常用磁性材料;
⑤ 理解变压器的电压比、电流比和阻抗变换;
⑥ 掌握三相变压器的连接组别。

☞技能目标:
① 会对变压器进行通电前的检测;
② 会判别小型变压器的同名端。

在电力系统中,为了降低损耗和提高输电效率,发电机发出的电能利用变压器升压后,再输送出去。输电电压越高,输电线路的电流越小,这不仅可以减小输电导线的截面积,降低线路投资费用,同时还可以减少输电线路的功率损耗。电能到达电区后,再利用变压器将电压降到用户所需要的电压(如 380 V、220 V 等)。在电子电路中常用的变压器有整流变压器、输出变压器、输入变压器、振荡变压器和脉冲变压器;自动控制系统中常用的变压器有控制变压器、仪用互感器;电加工用的变压器有电焊变压器和电炉变压器等。

变压器种类繁多,用途各异,不同类型的变压器在容量、结构、外形、体积和重量等方面有很大的差别。但是它们的基本构造和工作原理是相同的,主要由电路和磁路两部分构成。

8.1 磁路的基本性质

概要导览

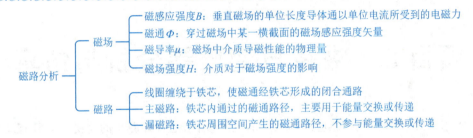

8.1.1 磁场的基本物理量

当直导线有电流通过时,其周围就存在着磁场,如图8-1所示。用以产生磁场的电流称为励磁电流,磁场的方向与励磁电流方向之间的关系用右手螺旋定则判定。用右手握着通电直导线,伸直拇指所指的为电流方向,弯曲的四指所指的方向则是磁场方向,如图8-2(a)所示;若用右手握着线圈,弯曲的四指表示电流方向,伸直的拇指所指的方向则是磁场方向,如图8-2(b)所示。

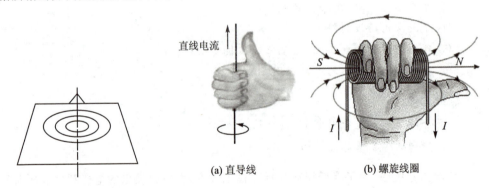

图8-1 电流周围存在着磁场　　图8-2 右手螺旋定则

(1) 磁感应强度

通电导体在磁场中所受到的电磁力 F,除了与电流强度和垂直于磁场的导线长度 L 成正比以外,还和磁场的强弱有关,用以表示某点磁场强弱的量称为磁感应强度,用 B 表示。在数值上,它等于垂直磁场的单位长度导体通以单位电流所受到的电磁力,即

$$B = \frac{F}{lI} \tag{8-1}$$

磁感应强度是一个矢量,它的方向即为磁场的方向。各点的磁感应强度大小相等,方向相同的磁场为均匀磁场。磁感应强度的单位为 T(特斯拉)或 Wb/m^2(韦伯/平方米)。

(2) 磁 通

磁感应强度表征了磁场中某一点的磁场的强弱和方向,但在工程上常常要涉及某一截面上的总磁场的强弱,为此引入磁通的概念。穿过磁场中某一个横截面的磁感应强度矢量叫磁通,用 $\varPhi$ 表示。穿过垂直于磁场方向某横截面 S 的磁通 $\varPhi$ 等于磁感应强度 B（如果不是均匀磁场,则取 B 的平均值）与该横截面面积 S 的乘积,即

$$\varPhi = BS \tag{8-2}$$

磁场的单位为 Wb(韦伯)。式(8-2)可写成

$$B = \frac{\varPhi}{S} \tag{8-3}$$

即磁感应强度等于单位面积上穿过的磁通,故又称为磁通密度。

(3) 磁导率

通有电流的直导体,在其周围产生磁场,如图 8-3 所示。实验表明,导体内 a 点的磁感应强度 B 与通过导体的电流 I 成正比,与通过该点的磁感线长度 $2\pi r$ 成反比,并与周围介质有关,即

$$B = \mu \frac{I}{2\pi r} \tag{8-4}$$

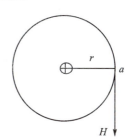

图 8-3 通有电流的直导体周围产生磁场

式中,μ 为比例系数,称为介质的磁导率。

磁导率是用来表示磁场中介质导磁性能的物理量,决定于介质对磁场的影响程度。磁导率的单位是 H/m(亨[利]/米)。由实验测得,真空的磁导率为

$$\mu_0 = 4\pi \times 10^{-7} \text{ H/m}$$

μ_0 是一个常数。介质磁导率 μ 和真空的磁导率 μ_0 的比值,称为该物质的相对磁导率 μ_r,即

$$\mu_r = \mu / \mu_0 \tag{8-5}$$

μ_r 越大,介质的导磁性越好。

自然界中的物质按磁导率大小可分为铁磁性物质和非铁磁性物质两大类。前者的相对磁导率很大,如铁、钴、镍等的相对磁导率可达几百甚至几千,硅钢片的相对磁导率为 6 000～8 000;后者的相对磁导率很小,如空气、铝、铂、铜等的相对磁导率约为 1。

铁磁性物质广泛应用在变压器、电动机、磁电式电工仪表等电工设备中,只要在线圈中通过较小的电流,就可产生足够大的磁感应强度。

(4) 磁场强度

上述分析表明,磁感应强度与介质有关,即对于通有相同电流的同样导体,在不同介质中,磁感应强度不同。而介质对磁场的影响,常常使磁场的分析变得复杂。为了分析电流和磁场的依存关系,人们又引入一个把电和磁定量联系起来的辅助量,即磁场强度,用符号 H 表示。磁场强度的单位是 A/m(安/米)。磁场中某点的磁场强度 H 就是该点磁感应强度与介质磁导率 μ 的比值,即

$$H = \frac{B}{\mu} \tag{8-6}$$

磁场强度在某种意义上讲是电流建立磁场强度能力的量度,载流直导体周围某点的磁场强度可由式(8-4)和式(8-6)得到,即

$$H = \frac{I}{2\pi r} \tag{8-7}$$

显然,磁场强度的大小与周围介质无关,仅与电流和空间位置有关。它的方向与该点的磁感应强度方向一致。

思一思
磁场强度和磁感应强度有何区别与联系?

【例 8-1】 通过 2 A 电流的长直导线置于空气中,求距该导线 20 cm 处的磁场强度和磁感应强度。

解:
$$H = \frac{I}{2\pi r} = \frac{2 \text{ A}}{2 \times 3.14 \times 0.2 \text{ m}} = 1.59 \text{ A/m}$$

因为空气中 $\mu = \mu_0$,所以

$$B = \mu_0 H = 4\pi \times 10^{-7} \times 1.59 \text{ A/m} \approx 2 \times 10^{-6} \text{ T}$$

8.1.2 磁 路

变压器、电动机、磁电式仪表等电工设备,为了获得较强的磁场,常常将线圈缠绕在有一定形状的铁芯上。因铁芯是一种铁磁性材料,它具有良好的导磁性能,能使绝大部分磁通经铁芯形成一个闭合通路。线圈通一励磁电流产生磁场,这时铁芯被线圈磁场磁化产生较强的附加场合,它叠加在线圈磁场上,使磁场大为加强。这种在铁芯内形成的闭合路径称为磁路。由于铁磁材料有较高的磁导率,因此大多数磁通是在磁路中形成闭合回路的,这部分磁通称为主磁通,用 Φ 表示。小部分磁通不经磁路而在周围的空气中形成闭合回路,这部分磁通称为漏磁通,用 Φ_σ 表示。磁路问题的实质是局限在一定路径内的磁场问题。在实际应用中,由于漏磁通很少,故有时可忽略不计它的影响。

磁通分为主磁通和漏磁通,在铁芯内通过的磁通为主磁通,用来进行能量的转换或传递;在部分铁芯和铁芯周围空间产生的磁通为漏磁通,不参与能量的转换或传递。主磁通和漏磁通所通过的路径分别构成主磁路和漏磁路。图 8-4 中表示出了这两种磁路。

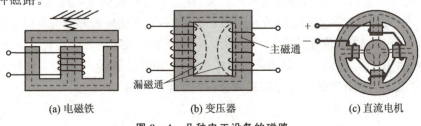

(a) 电磁铁　　　　(b) 变压器　　　　(c) 直流电机

图 8-4 几种电工设备的磁路

8.2 铁磁材料的性能

概要导览

8.2.1 铁磁物质的磁化

非铁磁物的相对磁导率 $\mu \approx 1$，而铁磁物质的相对磁导率 μ 远大于1，可达几百甚至几千，这表明铁磁物质有良好的导磁性能，将铁磁物质置于外磁场中，会使磁场大为增强，这种现象称为铁磁物质的磁化。磁化是铁磁物质特有的现象。

近代物理学的研究指出，铁磁物质是由许多微小的天然磁化区域组成的，这些天然磁化区域称为磁畴，磁畴内部所有的分子电流取向一致，因而，每个磁畴都相当于一块体积极小但磁性很强的微型磁铁，没有外磁场作用时，由于各磁畴的排列杂乱无章，它们的磁场互相抵消，因而对外不显示磁性，如图8-5(a)所示。

在外磁场的作用下，铁磁物质内部磁畴的方向与外磁场方向趋于一致，形成与外磁场方向相同的附加磁场，从而使铁磁物质内部的磁场显著增强，这就是铁磁物质的磁化。如图8-5(b)所示，外磁场愈强，与外磁场方向一致的磁畴数量愈多，附加磁场也愈强。当外磁场增大到一定程度，全部磁畴都转到与外磁场一致的方向时，附加磁场可比外磁场强几百倍甚至数千倍。

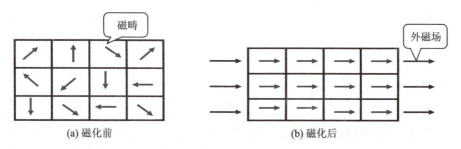

图8-5 铁磁物质的磁化

非铁磁物质内部没有磁畴结构，在外磁场作用下，它们的附加磁场不明显，故一般认为，非铁磁物质不受外磁场的影响，即不能被磁化。

8.2.2 磁化曲线

磁化曲线是铁磁物质在外磁场中被磁化时,其磁感应强度随外磁场强度的变化而变化的曲线,即 $B-H$ 曲线。磁化曲线可由实验测定。

(1) 起始磁化曲线

从 $H=0,B=0$ 开始,未经磁化的铁磁材料的磁化曲线,称为起始磁化曲线,如图 8-6 中的曲线①所示,图中 H 和 B 分别为外磁场的磁场强度和铁磁材料内的磁感应强度。从曲线①可看出,在 Oa 段,随外磁场 H 的增大,磁感应强度 B 增加较慢,这时材料内的磁畴在微弱的外磁场作用下,只发生了微微的转向,B 随 H 的增加近似为线性增加;在 ab 段,随 H 的增加,B 迅速增大,材料内的磁畴在足

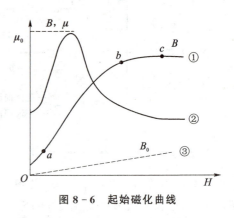

图 8-6 起始磁化曲线

够强的外磁场作用下,随外磁方向发生了明显的转向产生了明显的附加磁场;在 bc 段,H 增大,B 的增加有趋缓慢;在 c 点之后,H 继续增大,B 则基本保持不变,曲线进入饱和阶段,这是因为外磁场增大到一定程度,磁畴已经全部转向外磁场方向,外磁场再增强,附加磁场已不可能随之进一步增强的缘故。显然,铁磁材料的 B 与 H 的关系是非线性的。

由于 B 与 H 关系的非线性,铁磁物质的磁导率 $\mu=B/H$ 不是常数,而是随外磁场 H 的变化而变化的。图 8-6 中的曲线②是铁磁材料的 $\mu-H$ 曲线;曲线③则是非铁磁材料的 $B-H$ 曲线。

> **思一思**
> 起始磁化曲线反映了什么?

(2) 磁滞回线

铁磁材料在反复磁化过程中的 $B-H$ 曲线称为磁滞回线。如图 8-7 所示,上述磁化过程进行到磁化曲线的 c 点,即 B 达到最大值 B_m 后,此时外磁场强度为 H_m;若转而逐步减小 H,则 B 也随之从 B_m 下降,但并不沿原来的 $B-H$ 曲线下降,而是沿另一条曲线 cd 下降。当 $H=0$ 时,$B=B_r$ 不等于 0(见曲线上的 d 点),B_r 称为剩余磁感应强度,简称

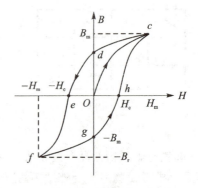

图 8-7 磁滞回线

剩磁。直到外磁场 H 反向增加到 $-H_c$ 时，B 才等于 0（见曲线的 e 点），剩磁消除。消除剩磁所需的反向磁场强度的大小 H_c 称为矫顽力。图 8-7 表明，当外磁场按 $H_m \to 0 \to H_c \to -H_m \to 0 \to H_c \to H_m$ 次序变化时，相应的磁感应强度 B 按闭合曲线 $cdefghc$ 变化。由于在反复磁化过程中，磁感应强度 B 的变化滞后于磁场强度 H 的变化，故称这条闭合曲线为磁滞回线。

8.2.3 铁磁材料的分类

铁磁材料按其磁滞回线形状及其在工程上的用途一般分为软磁材料、硬磁材料、矩磁材料三类。

(1) 软磁材料

软磁材料的剩磁(B)和矫顽磁力(H)较小，但磁导率却较高，易于磁化，磁滞回线狭窄，如图 8-8(a)所示。常用的软磁材料有纯铁、铸铁、硅钢、坡莫合金、铁氧体等。变压器、电机和电工设备中的铁芯都采用硅钢片制作。收音机接收线圈的磁棒、中频变压器的磁芯等用的材料是铁氧体。

(2) 硬磁材料

硬磁材料的剩磁(B)和矫顽磁力(H)都较大，被磁化后其剩磁不易消失，磁滞回线较宽，如图 8-8(b)所示。常用的硬磁材料有碳钢、钨钢、钴钢级镍钴合金等。硬磁材料适宜用作永久磁铁，许多电工设备如磁电式仪表、扬声器、受话器等都是用硬磁材料制作的。

(3) 矩磁材料

矩磁材料的磁滞回线接近矩形，如图 8-8(c)所示。它的特点是在较弱的磁场作用下也能磁化并达到饱和，在外磁场去掉后，磁性仍保持饱和状态，剩磁(B_1)很大，矫顽磁力(H)较小。矩磁材料稳定性良好且易于迅速翻转，主要用作记忆元件，如计算机存储器的磁芯。

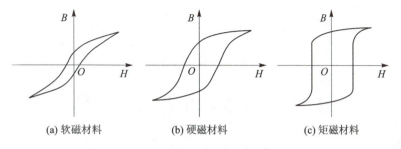

图 8-8　不同材料的磁滞回线

8.2.4 交流铁芯线圈的损耗

交流铁芯线圈由交流电励磁，如图 8-9 所示。在交流铁芯线圈电路中，除了在线圈电阻上有功率损耗外,铁芯中也会有功率损耗。线圈上损耗的功率 I^2R 称为铜损,用 ΔP_C 表示;铁芯中损耗的功率称为铁损,用 ΔP_F 表示,铁损包括磁滞损耗和涡流损耗两部分。

(1) 磁滞损耗

铁磁材料交变磁化的磁滞现象所产生的损耗称为磁滞损耗。它是由铁磁材料内部磁畴反复转向,磁畴间相互摩擦引起铁芯发热而造成的损耗,与磁滞回线所包围的面积成正比。为了减小磁滞损耗,铁芯均由软磁材料制成。

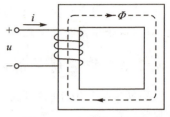

图 8-9 交流铁芯线圈

(2) 涡流损耗

铁磁材料不仅有导磁能力,同时还有导电能力,因而在交变磁通的作用下,铁芯内将产生感应电动势和感应电流,感应电流在垂直于磁通的铁芯平面内围绕磁感线呈旋涡状,如图 8-10(a) 所示,故称为涡流。涡流使铁芯发热,其功率损耗为涡流损耗。

为了减小涡流,可采用硅钢片叠成的铁芯,硅钢片不仅有较高的磁导率,还有较大的电阻率,可使铁芯电阻增大,涡流减小,同时硅钢片的两面均有氧化膜或涂有绝缘漆,使各层之间互相绝缘,可以把涡流限制在一些狭长的截面内流动,从而减小了涡流损耗,如图 8-10(b) 所示。因此,各种交流电机、变压器的铁芯普遍由硅钢片叠成。

综上所述,交流铁芯线圈的功率损耗为

$$\Delta P = \Delta P_{Cu} + \Delta P_{Fe} \tag{8-8}$$

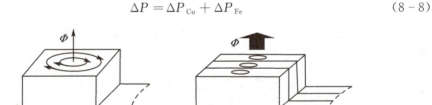

(a) 涡 流　　　　　　(b) 减小涡流损耗

图 8-10 铁芯中的涡流

8.3 磁路的基本定律

概要导览

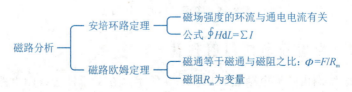

8.3.1 安培环路定理

我们已经知道,载流直导体周围的磁场强度的大小与周围介质无关,仅与电流和空间位置有关。以直导体为圆心,半径为 r,载流直导体周围的某点 a 的磁场强度为

$$H = \frac{I}{2\pi r}$$

可以写成

$$2\pi r H = HL = I$$

式中,I 为通入磁路的电流,H 为某点的磁场强度;L 为导体的长度。如图 8-11 所示,若导体上面绕有 N 匝线圈,再取其中心磁路流过的磁通为闭合磁通,则可得到磁感应强度与电流的关系为

$$HL = NI$$

写成一般形式

$$\oint H \mathrm{d}L = \sum I \qquad (8-9)$$

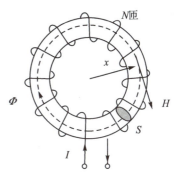

图 8-11 环形铁芯磁路

式(8-9)即有磁介质的安培环路定理,它表明磁场强度的环流只和通电电流有关,故利用该式能够比较方便地处理有磁介质存在时的磁场问题。无论空间有无磁介质存在,式(8-9)均适用。

8.3.2 磁路欧姆定理

设图 8-11 中环形磁路由单一铁磁材料构成,磁导率为 μ,其横截面积为 S,磁路的平均长度为 L,给线圈通电后,根据安培环路定理有

$$NI = HL = \frac{B}{\mu}L = \frac{\Phi}{\mu S}L$$

变换为

$$\Phi = \frac{NI}{\dfrac{L}{\mu S}} = \frac{F}{R_{\mathrm{m}}} \qquad (8-10)$$

式(8-10)在形式上与电路欧姆定律相似,称为磁路欧姆定律。式中 $F=NI$ 称为磁通势,其单位为 A·匝,由它产生磁通 Φ;$R_{\mathrm{m}}=L/\mu S$ 称为磁阻,单位为 H^{-1}(亨$^{-1}$),表示磁路对磁通阻碍作用的大小。由于铁磁物质的磁导率 μ 随励磁电流而变,因此磁阻 R_{m} 是个变量。

磁路与电路有很多相似之处,它们的比较如表 8-1 所列。

表 8-1　磁路与电路的公式对应表

磁路	磁动势	磁通	磁压降	基本定律	磁阻	磁感应强度	安培环路定律	
	$F=IN$	Φ	HL	$\Phi=\dfrac{F}{R_m}$	$R_m=\dfrac{L}{\mu S}$	$B=\dfrac{\Phi}{S}$	$\sum Ni=\sum HL$	$\sum\Phi=0$
电路	电动势	电流	电压降	欧姆定律	电阻	电流强度	基氏电压定律	基氏电流定律
	E	I	U	$I=\dfrac{E}{R}$	$R=\dfrac{L}{\rho S}$	$J=\dfrac{I}{S}$	$\sum E=\sum U$	$\sum I=0$

小提示

磁路与电路的物理本质是不同的。如电路开路时,有电动势存在但无电流;而在磁路中,即使存在空隙,但只要有磁通势就必有磁通。在电路中,直流电流通过电阻时要消耗能量;而在磁路中,恒定磁通通过磁阻时并不消耗能量。

思一思

1. 根据工程上用途的不同,铁磁性材料可分为几类?你能否说出它们的特点和用途?

2. 铁磁物质具有哪些磁性能?铁芯中存在哪些损耗?铜和铝能被磁化吗?

【例 8-2】 图 8-12 所示为一均匀磁路,其中心线长度 $L=50$ cm,横截面积 $S=16$ cm²,所用材料为铸钢,磁导率 $\mu=3.4\times10^{-3}$ H/m,线圈匝数 $N=500$ 匝,电流 $I=300$ mA。求该磁路的磁通 Φ,如果将磁路截去一小段 $L_0=1$ mm,出现空气隙,保持磁通不变,求此时空气隙和介质的磁阻以及所需的磁通势。

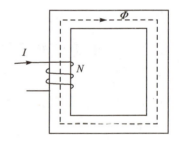

图 8-12　均匀磁路

解:考虑到沿中心线上各点的磁场强度大小都相等,根据安培环路定理,有

$$HL=NI$$

所以

$$H=\frac{NI}{L}=\frac{500\times0.3\ \text{A}}{50\times10^{-2}\ \text{m}}=300\ \text{A/m}$$

磁感应强度为

$$B=\mu H=3.4\times10^{-3}\ \text{H/m}\times3\times10^{2}\ \text{A/m}=1.02\ \text{T}$$

所以磁路中的磁通为

$$\Phi=BS=1.02\ \text{T}\times16\times10^{-4}\ \text{m}^2=1.632\times10^{-3}\ \text{Wb}$$

如果磁路截去一小段,则空气隙的磁阻为

$$R_{m0} = \frac{L_0}{\mu_0 S} = \frac{1 \times 10^{-3} \text{ m}}{4\pi \times 10^{-7} \text{ H/m} \times 16 \times 10^{-4} \text{ m}^2} = 4.97 \times 10^5 \text{ H}^{-1}$$

磁介质的磁阻为

$$R_m = \frac{L}{\mu S} = \frac{49.9 \times 10^{-2} \text{ m}^2}{3.4 \times 10^{-3} \text{ H/m} \times 16 \times 10^{-4} \text{ m}^2} = 9.17 \times 10^4 \text{ H}^{-1}$$

磁路是两个磁阻串联的磁路,根据磁路欧姆定律,磁通势为

$$F = \Phi(R_{m0} + R_m)$$
$$= 1.632 \times 10^{-3} \text{ Wb} \times (4.97 \times 10^5 \text{ Ω} + 9.17 \times 10^4 \text{ Ω})$$
$$= 960.1 \text{ A·匝}$$

8.4 变压器

概要导览

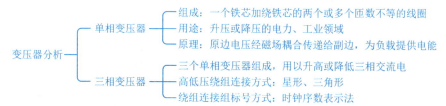

8.4.1 变压器的用途及结构

变压器由一个铁芯和绕在铁芯上的两个或多个匝数不等的线圈(绕组)组成,具有变换电压、电流和阻抗的功能。

1. 变压器的用途

在电力系统中,传输电能的变压器称为电力变压器。它是电力系统中的重要设备,在远距离输电中,当输送一定功率时,输电电压越高,电流越小,输电导线截面、线路的能量损耗及电压损失也越小,为了安全可靠用电,又需要把电压降下来。因此,变压器对电力系统的经济输送、灵活分配及安全用电有着极其重要的意义。

在电子电路中,常常需要一种或几种不同电压的交流电,因此变压器作为电源变压器将电网电压转换为所需的各种电压。除此之外,变压器还用来耦合电路、传送信号和实现阻抗匹配等。

此外,还有用于调压的自耦变压器,用于金属热加工的电焊变压器和电炉变压器,用于改变电压、电流量程的仪用互感器等。

应用举例:变压器广泛应用于电力、工业生活的各领域,其主要功能见图 8-13。

2. 变压器的结构

变压器的结构根据它的使用场合、工作要求及制造等原因而有所不同,结构形式多种多样,但其基本结构都类似,均由铁芯和线圈(绕组)组成。

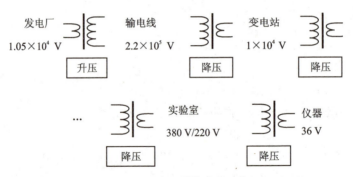

图 8-13 变压器的主要功能

铁芯是变压器的磁路部分,为了减小铁芯损耗,通常用厚度为 0.35 mm 或 0.5 mm 两面涂有绝缘漆的硅钢片叠装而成。要求耦合性能强,铁芯都做成闭合形状,其线圈缠绕在铁芯上。对频率在数百或几千赫以上的高频范围使用的变压器,要求耦合弱一点,绕组就缠绕在不闭合的"棒形"铁芯上,或制成没有铁芯的空芯变压器。

按线圈套装铁芯的情况不同,变压器可分为芯式和壳式两种,如图 8-14 所示,芯式变压器线圈缠绕在每个铁芯柱上,如图 8-14(a)所示。其结构较简单,线圈套装也比较方便,绝缘也比较容易处理,故其铁芯截面是均匀的。电力变压器多采用芯式铁芯结构。壳式变压器的铁芯包围绕组的顶部、底部和侧面,如图 8-14(b)所示。壳式变压器的机械强度好,但制造复杂,铁芯材料消耗多,只在一些特殊变压器(如电炉变压器)中采用。

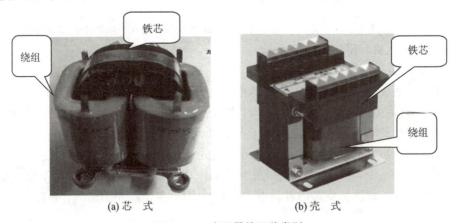

图 8-14 变压器的两种类型

线圈是变压器的电路部分,为降低电阻值,多用导电性能良好的铜线缠绕而成。

> **思一思**
>
> 若不慎将额定值 110 V/36 V 的小容量变压器原边接到 110 V 直流电源上,副边会产生什么情况?原边又会产生什么情况?

8.4.2 变压器的工作原理

图 8-15 所示为变压器原理图,它是由闭合铁芯和绕在铁芯上的两个匝数不同的线圈组成。与电源连接的线圈称为原绕组(或原边,或一次绕组);与负载链接的线圈称为副绕组(或副边,或二次绕组)。原边承受电源的电压,经过磁场耦合传送给副边,为负载提供电能。原、副边绕组的匝数分别为 N_1、N_2。

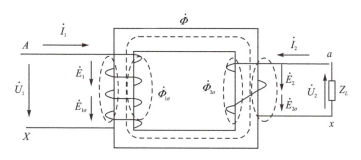

图 8-15 变压器原理图

1. 空载运行和电压变换

(1) 空载运行

把变压器的原绕组接于电源,而副绕组开路(即不与负载接通),变压器便空载运行。

在外加正弦电压 u_1 的作用下,如果副绕组开路,原绕组中便有交流电流 I_{10} 通过,I_{10} 称为空载电流。变压器的空载电流一般都很小,为额定电流的 3%~8%。空载电流 I_{10} 通过匝数为 N_1 的原绕组,产生磁通势 $I_{10}N_1$。在其作用下,铁芯中产生了正弦交变磁通 Φ_0,主磁通穿过原、副绕组,在其中产生感应电动势 e_1 和 e_2,还有很少一部分漏磁通 $\Phi_{\sigma 1}$ 不经过铁芯、穿过原绕组后沿周围空气而闭合,如图 8-15 中的 $\Phi_{\sigma 1}$,漏磁通在变压器中感应的电动势仅起电压降作用,不能递能量。由于绕组中产生的电压降及漏磁通产生的电动势都很小,下面讨论中均略去。

主磁通在原绕组中产生的感应电动势为

$$e_1 = -N_1 \times d\Phi/dt \qquad (8-11)$$

主磁通在副绕组中也将感应出相同频率的电动势,即

$$e_2 = -N_2 \times d\Phi/dt \qquad (8-12)$$

假设主磁通 $\Phi = \Phi\sin\omega t$,根据电磁感应定律,有

$$\begin{aligned} e_1 &= -N_1 \times d\Phi/dt = -N_1 d(\Phi_m \sin\omega t)/dt = -N_1 \omega \Phi_m \cos\omega t \\ &= 2\pi f N_1 \Phi_m \sin(\omega t - 90°) = E_1 \sin(\omega t - 90°) \end{aligned} \qquad (8-13)$$

$$\begin{aligned} e_2 &= -N_2 \times d\Phi/dt = -N_2 d(\Phi_m \sin\omega t)/dt = -N_2 \omega \Phi_m \cos\omega t \\ &= 2\pi f N_2 \Phi_m \sin(\omega t - 90°) = E_2 \sin(\omega t - 90°) \end{aligned} \qquad (8-14)$$

由式(8-13)和式(8-14)可知,e_1 和 e_2 均比主磁通滞后 90°,它们的最大值为

$$E_{1m} = 2\pi f N_1 \Phi_m, \quad E_{2m} = 2\pi f N_2 \Phi_m \tag{8-15}$$

有效值为

$$E_1 = \frac{E_{1m}}{\sqrt{2}} = \frac{2\pi f N_1 \Phi_m}{\sqrt{2}} = 4.44 f N_1 \Phi_m$$

$$E_2 = \frac{E_{2m}}{\sqrt{2}} = \frac{2\pi f N_2 \Phi_m}{\sqrt{2}} = 4.44 f N_2 \Phi_m \tag{8-16}$$

(2) 电压变换

变压器空载时的原边电路就是一个含有铁芯线圈的交流电路，由 KVL 可知原边电路的电压方程为

$$\dot{U}_1 + \dot{E}_1 = R_1 \dot{I}_{10} \tag{8-17}$$

由于空载电流 I_{10} 很小，原绕组的电阻压降 $I_{10}R$ 可以忽略不计，因此式(8-17)可以写成

$$\dot{U}_1 \approx -\dot{E}_1 \rightarrow U_1 \approx E_1 = 4.44 f \Phi_m N_1 \tag{8-18}$$

空载时变压器的副边绕组是开路的，它的端电压 U_2 与感应电动势 E_2 相平衡，U_2 与 E_2 关联方向如图 8-15 所示，即

变压器一、二次绕组的端电压之比称为变压器的变压比，用 K 表示，即

$$K = \frac{U_1}{U_2} \approx \frac{E_1}{E_2} = \frac{N_1}{N_2} \tag{8-19}$$

当 $N_1 > N_2$ 时，$K > 1$，则 $U_1 > U_2$，变压器为降压变压器；而当 $N_1 < N_2$ 时，$K < 1$，则 $U_1 < U_2$，变压器为升压变压器。若改变变压比 K，即改变一次或二次绕组的匝数，即可改变二次绕组的输出电压 $\dot{U}_{20}$：

$$U_2 = U_{20} = E_2 = 4.44 f \Phi_m N_2 \tag{8-20}$$

2. 变压器的空载电流和空载损耗

变压器空载运行时，空载电流 $\dot{I}_{10}$ 一方面用来产生主磁通，另一方面用来补偿变压器空载时的损耗。为此将 $\dot{I}_{10}$ 分解为两部分，一部分为无功分量 $\dot{I}_{10Q}$，用来建立磁场，起励磁作用，与主磁通同相位；另一部分为有功分量 $\dot{I}_{10P}$，用来供给变压器铁芯损耗，其相位超前主磁通 90°，即

$$\dot{I}_{10} = \dot{I}_{10P} + \dot{I}_{10Q} \tag{8-21}$$

空载电流 I_{10} 主要用来建立主磁通，故空载电流也称为励磁电流。变压器空载时没有输出功率，它从电源获取的全部功率都消耗在其内部，称为空载损耗。空载损耗的绝大部分是铁芯损耗，其值等于 $E_1 I_{10P}$，铁芯损耗包括磁滞损耗和涡流损耗两种；只有极少部分是一次绕组电阻上的铜损耗，其值等于 $I_{10}^2 R_1$，可近似认为变压器的空载损耗就是变压器的铁芯损耗。

3. 变压器空载运行时的向量图

为了直观地表示变压器空载运行时各物理量之间的大小和相位关系，可在一张

向量图上将各物理量用向量形式表示出来,称为变压器空载运行的向量图。

根据下面的电动势平衡方程式和空载电流的分解式,可作出变压器空载运行时的向量图(见图 8-16)。

$$\left.\begin{array}{l}\dot{U}_1 = -\dot{E}_1 + \dot{I}_{10}R_1 + j\dot{I}_{10}X_1 \\ \dot{U}_{20} = \dot{E}_2 \\ \dot{I}_{10} = \dot{I}_{10P} + \dot{I}_{10Q}\end{array}\right\} \quad (8-22)$$

思一思

欲制作一个 220 V/110 V 的小型变压器,能否原边绕 2 匝,副边绕 1 匝? 为什么?

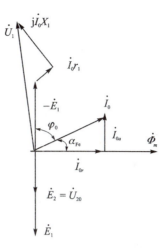

图 8-16 空载运行时的向量图

8.4.3 变压器的额定值

使用任何电气设备或元器件时,其工作电压、电流、功率等都是有一定限度的。为了确保电器产品安全、可靠、经济、合理运行,生产厂家为用户提供其在给定的工作条件下能正常运行而规定的允许工作数据,称为额定值。它们通常标注在电气设备的铭牌和使用说明书上,并用下标"N"表示,如额定电压 U_N、额定电流 I_N、额定容量 S_N 等。

1. 额定电压

变压器的额定电压是根据变压器的绝缘强度和允许温升而规定的电压值。变压器的额定电压有原边额定电压 U_{1N} 和副边额定电压 U_{2N}。U_{1N} 指原边应加的电源电压,U_{2N} 指原边加上 U_{1N} 时副边的空载电压。

变压器的额定电压用分数形式标在铭牌上,分子为高压的额定值,分母为低压的额定值。在三相变压器中,额定电压指的是相应连接法的线电压,因此连接法与额定电压一并给出,例如 10 000 V/400 V、Y/Y$_0$。

超过额定电压使用时,将因磁路饱和、励磁电流增高或铁损增大,引起变压器温升增高。超过额定电压严重时可能造成绝缘击穿和烧毁。

2. 额定电流

变压器的额定电流是原边接额定电压时原、副边允许长期通过的最大电流。它由绝缘材料允许的温度确定,分别用字母 I_{1N}、I_{2N} 表示,三相变压器的额定电流是相应连接法的线电流。

3. 额定容量

单相变压器的额定容量为额定电压与额定电流的乘积,用视在功率 S_N 表示,单位为 V·A 或 kV·A。

单相变压器的额定容量为

$$S_N = U_N I_N$$

三相变压器的额定容量为

$$S_{N3P} = \sqrt{3} U_N I_N$$

4. 额定频率

额定运行时变压器原边外加交流电压的频率，用 f_N 表示。我国以及世界上大多数国家都规定 $f_N = 50$ Hz，有些国家规定 $f_N = 60$ Hz。

5. 额定温升

变压器的额定温升是在额定运行状态下指定部位允许超出标准环境温度之值。我国以 40 ℃作为标准环境温度；大容量变压器油箱顶部的额定温升用水银温度计测量，定为 55 ℃。

 小提示

变压器的二次绕组的额定电压是指一次绕组接额定电压的电源，二次绕组开路时的线电压。

8.4.4 单相变压器的负载运行

变压器的负载运行是指在变压器一次绕组加上额定正弦交流电压，二次绕组接负载 Z_L 的情况下，变压器的运行状态。其工作原理如图 8-15 所示。

1. 负载运行时的各物理量

当变压器的二次绕组接上负载 Z_L 时，在感应电动势 $\dot{E}_2$ 的作用下，二次绕组中流过电流 $\dot{I}_2$，它随负载的变化而变化。$\dot{I}_2$ 在二次绕组中建立了磁通势 $\dot{F}_2 = \dot{I}_2 N_2$，此时铁芯中的主磁通 $\dot{\Phi}$ 不再仅仅由一次绕组的磁通势 $\dot{F}_1$ 产生，而是由一次绕组的磁通势 $\dot{F}_1$ 和二次绕组的磁通势 $\dot{F}_2$ 共同产生。$\dot{F}_2$ 的出现将使主磁通的最大值 $\dot{\Phi}_m$ 减小。由于电源电压 $\dot{U}_1$ 不变，$\dot{E}_1$ 的减小将导致一次电流 $\dot{I}_1$ 的增大，即由空载电流 $\dot{I}_{10}$ 上升为 $\dot{I}_1$，其增加的磁通势用于抵消二次绕组的磁通势 $\dot{I}_2 N_2$ 对主磁通的影响，使负载时的主磁通值基本回升到空载时的值。也就是说，一次电流的增加量 $\Delta \dot{I}_1 = \dot{I}_1 - \dot{I}_{10}$ 所产生的磁通势 $\Delta \dot{I}_1 N_1$ 基本上与二次绕组电流 $\dot{I}_2$ 产生的磁通势 $\dot{I}_2 N_2$ 大小相等，方向相反，可以相互抵消，从而维持主磁通基本不变，即

$$\Delta \dot{I}_1 = -\frac{N_2}{N_1} \dot{I}_2 \qquad (8-23)$$

上式表明，变压器负载运行时，一、二次电流通过铁芯磁路紧密地联系在一起，二次电流的变化会引起一次电流的变化。从功率角度分析，二次侧输出功率的变化，也必然会引起一次侧从电源吸取功率的变化。

负载运行时变压器中各物理量的电磁关系如图 8-17 所示。

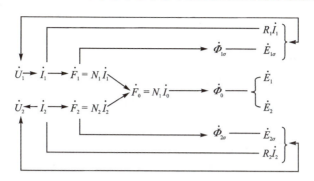

图 8-17 负载运行时的电磁关系图

2. 变压器负载运行时的基本方程

(1) 磁通势平衡方程

负载运行时,一次绕组的磁通势 $\dot{F}_1$ 和二次绕组的磁通势 $\dot{F}_2$ 共同作用,其磁通势平衡方程为

$$\dot{F}_1 + \dot{F}_2 = \dot{F}_{10} \quad \text{或} \quad \dot{I}_1 N_1 + \dot{I}_2 N_2 = \dot{I}_{10} N_1$$

两边同时除以 N_1,可得电流平衡方程式为

$$\dot{I}_1 = \dot{I}_{10} + \left(-\frac{N_2}{N_1}\dot{I}_2\right) = \dot{I}_{10} + \left(-\frac{\dot{I}_2}{K}\right)$$

由于 $I_{10} \ll I_1$,当忽略 I_{10} 时,一、二次绕组的电流关系为 $\dot{I}_1 = -\dot{I}_2/K$,其有效值为

$$I_1 = \frac{I_2}{K} \tag{8-24}$$

(2) 电动势平衡方程

与变压器的原绕组相似,副绕组中也有电阻 R_2,也会产生电阻压降 $I_2 R_2$,忽略漏磁通的影响,由图 8-15 得出副边电压的平衡方程为

$$u_2 = e_2 - i_2 R_2 \tag{8-25}$$

用向量表示副边电路电压平衡方程为

$$\dot{U}_2 = \dot{E}_2 - \dot{I}_2 R_2 \tag{8-26}$$

式中,E_2 为副绕组的感应电动势;U_2 为负载两端的电压;R_2 为副绕组的电阻。

【例 8-3】 有一台变压器,原边电压 $U_1 = 6\,000$ V,副边电压 $U_2 = 230$ V,如果副边接一个 $P = 40$ kW 的电阻炉,求原、副绕组的电流各为多少?

解:电阻炉的功率因数为 1,故副绕组电流为

$$I_2 = \frac{P}{U_2} = \frac{40 \times 10^3 \text{ W}}{230 \text{ V}} = 174 \text{ A}$$

变压比为

$$K = \frac{U_1}{U_2} = \frac{6\,000 \text{ V}}{230 \text{ V}} = 26$$

原绕组电流为

$$I_1 = \frac{I_2}{K} = \frac{174 \text{ A}}{26} = 6.7 \text{ A}$$

3. 阻抗的变换

在电子线路中常常对负载阻抗的大小有要求，以使负载获得较大的功率。但是，一般情况下负载阻抗很难达到匹配要求，所以在电子线路中常利用变压器进行阻抗变换。

在图 8-18(a)中，负载阻抗 Z 接在变压器副边上，而图中的虚线框部分可用一个阻抗 Z' 来等效代替。所谓等效，就是输入电路的电压、电流和功率不变，即直接接在电源上的阻抗 Z' 和接在变压器副边上的负载阻抗 Z 对于电源来讲是等效的，如图 8-18(b)所示。

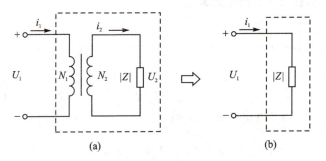

图 8-18 变压器负载阻抗的等效电路

由图 8-18(a)、(b)可以得出

$$|Z| = \frac{U_2}{I_2}, \quad |Z'| = \frac{U_1}{I_1}$$

故

$$|Z'| = \frac{U_1}{I_1} = \frac{KU_2}{I_2/K} = K^2 |Z| \tag{8-27}$$

式(8-27)表明，变压器副边的阻抗为 Z 时，原边的等效阻抗为 $K^2 Z$，因此只要改变变压器的变比，就可以使负载与电源进行匹配，获得较高的输出功率。这种做法通常称为阻抗匹配。

【例 8-4】 信号源电压 $U_S = 10$ V，内阻 $R_S = 0.4$ kΩ，负载电阻 $R_L = 8$ Ω，为使负载能够获得最大功率，在信号源与负载 R_L 电阻间接入一个变压器，如图 8-19 所示，求变压器的变比及原、副边电压、电流有效值和负载 R_L 的功率。

解：(1) 根据负载获得最大功率的条件是 $R'_L = R_S$，由式(8-27)可知

$$R'_L = K^2 R_L$$

变压比

$$K = \sqrt{\frac{R'_L}{R_L}} = \sqrt{\frac{R_S}{R_L}} = \sqrt{\frac{0.4 \times 10^3}{8}} = 7.1$$

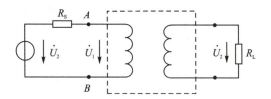

图 8-19 例 8-4 电路图

(2) 当变压器变压比 $K=7.1$ 时，A、B 间的等效电阻为

$$R'_L = K^2 R_L = 7.1^2 \times 8 \ \Omega = 0.4 \ \text{k}\Omega$$

故原边电压为

$$U_1 = \frac{U_S}{R_S + R'_L} R'_L = \frac{1}{2} U_S = \frac{10 \ \text{V}}{2} = 5 \ \text{V}$$

副边电压为

$$U_2 = \frac{U_1}{K} = \frac{5 \ \text{V}}{7.1} = 0.7 \ \text{V}$$

副边电流为

$$I_2 = \frac{U_2}{R_L} = \frac{0.7 \ \text{V}}{8} = 88 \ \text{mA}$$

原边电流为

$$I_1 = \frac{I_2}{K} = \frac{88 \ \text{mA}}{7.1} = 12.5 \ \text{mA}$$

负载功率为

$$P_2 = U_2 I_2 = 0.7 \ \text{V} \times 0.088 \ \text{A} = 0.062 \ \text{W}$$

8.4.5 三相变压器

现代工农业生产和建筑工地通常采用三相交流电，三相变压器就是用来升高和降低三相交流电压的设备，因而三相变压器的应用极为广泛。

1. 三相变压器的结构

三相变压器可以用三个单相变压器组成，称为三相变压器，如图 8-20 所示。三相变压器组的每一相分高、低压绕组，它们的特点是三个磁路单独分开，互不关联。因此三相之间只有电的联系而无磁的耦合，又称为不相关磁路系统。

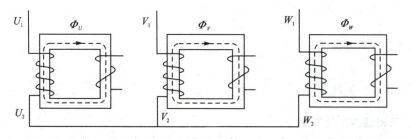

图 8-20 三相变压器组(Y/Y_0)

还有一种由铁轭把三个铁芯柱连在一起的三相变压器,称为三相芯式变压器,如图 8-21 所示。三相芯式变压器的特点是三相中任何一个铁芯柱中的磁通都经过其他两个铁芯柱形成闭合磁回路,三相之间不仅有电的联系而且有磁的关联,因此称为相关磁路系统。和同容量的三相变压器组相比较,三相芯式变压器的优点是所用材料少,自重轻,价格低廉。

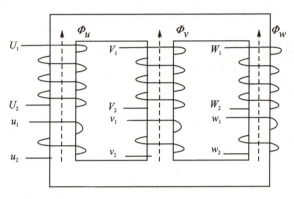

图 8-21 三相芯式(Y/Y_0)变压器

一般中、小容量的电力变压器都采用三相芯式变压器,以节省材料。为了制造及运输上的便利,同时减小电站备用器材的投资,只有大容量的巨型变压器才选用三相变压器组。

2. 三相变压器原、副绕组线电压与相电压之间的变换关系

如图 8-22 所示,其中图(a)为 Y-Y₀ 连接,图(b)为 Y-△连接,其中 Y-Y₀ 连接的三相变压器低压侧有中性线引出作为三相四线制供电。图 8-22 说明,不论三相变压器作何种连接,其原、副绕组相电压的比值仍等于原、副绕组的匝数比,即变压器的变压比:

$$\frac{U_{1P}}{U_{2P}} = \frac{N_1}{N_2} = K$$

当三绕组接法不同时,原、副绕组线电压的比值是不同的,关系如下:

(1) 作 Y-Y₀ 连接时: $\dfrac{U_{1L}}{U_{2L}} = K$

(2) 作 Y-△ 连接时: $\dfrac{U_{1L}}{U_{2L}} = \sqrt{3} K$

(3) 作 △-Y 连接时: $\dfrac{U_{1L}}{U_{2L}} = \dfrac{1}{\sqrt{3}} K$

3. 三相绕组的连接组

由于三相变压器的高、低压绕组均有星形连接和三角形连接两种方式,因此高压绕组和低压绕组对应的线电动势(或线电压)之间存在不同的相位差。为了简单明了

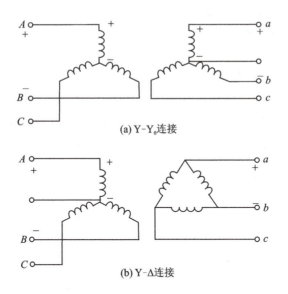

图 8-22 三相变压器的连接方式

地表达绕组的连接方式及对应的线电动势(或线电压)的相位关系,将变压器高、低压绕组的连接分成不同的组合,称为绕组的连接组。因为高压绕组和低压绕组对应的线电动势(或线电压)之间的相位差总是 30°的倍数,而时钟表盘上相邻两个钟点间的夹角也为 30°,所以三相变压器连接组标号采用"时钟序数表示法"。

根据电力变压器国家标准 GB 1094.1—1996 中的"时钟序数表示法"规定,把变压器高压侧向量图中线电势作为时钟的长针(即分针),并始终指向钟面的"12"处,低压绕组的线电动势矢量作为短针(即时针),看短针指在哪一个数字上,就把这个数字作为连接组的组号。

(1) 三相变压器的连接组标号的确定

确定三相变压器连接组别的步骤如下:

① 根据三相变压器绕组连接方式(Y 或 y,D 或 d)画出高、低压绕组接线图(绕组按 U、V、W(A、B、C)相序自左向右排列;三相绕组的连接图按传统的方法,高压绕组位于上面,低压绕组位于下面)。

② 在接线图上标出相电势和线电势的假定正方向。

③ 做出高压侧的电动势向量图(按 $U \to V \to W$ 的相序),确定某一线电动势向量(如 $\dot{E}_{UV}$)的方向。

④ 确定高、低压绕组的对应相电动势的相位关系(同相或反相),做出低压侧的电动势向量图,确定对应的线电动势向量(如 $\dot{E}_{UV}$)的方向。为了方便比较,将高、低压侧的电动势向量图画在一起,取 U_1 与 u_1 点重合。

⑤ 根据高、低压侧对应线电动势的相位关系确定连接组的标号。

（2）三相变压器标准的连接组及其向量分析

为了制造和使用上的方便，国家规定了 5 种三相双绕组电力标准连接组，分别为 Y、yn0，Y、d11，YN、d11，Y、y12，Y、y05，其中前 3 种最常见。下面以 Y、y12 和 Y、d11 为例分析其连接组的向量关系。

图 8-23 所示为 Y、y12 连接的三相变压器，原、副绕组的同极性端为首端，这时与单相变压器一样，原、副绕组对应各相的相电压同相位，因而原绕组线电压 $\dot{U}_{AB}$ 和副绕组线电压 $\dot{U}_{ab}$ 也同相位，如果 $\dot{U}_{AB}$ 指向 12 点，则 $\dot{U}_{ab}$ 也指向 12 点，所以用 Y、y12 表示其连接组别；图 8-24 所示为 Y、d11 连接的三相变压器，其中原、副绕组的

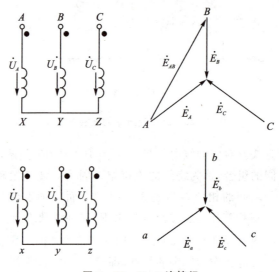

图 8-23　Y、y0 连接组

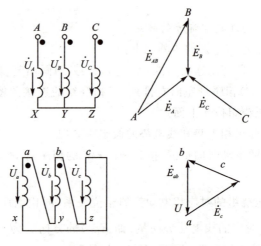

图 8-24　Y、d11 连接组

同极性端为首端,副绕组三角形连接次序为 AX—CZ—BY。原、副绕组对应各相的相电压同相位,但副绕组线电压 $\dot{U}_{ab}$ 等于相电压 $\dot{U}_b$,因此,原绕组线电压 $\dot{U}_{AB}$ 和副绕组线电压 $\dot{U}_{ab}$ 的相位差为 330°=30°×11。$\dot{U}_{AB}$ 指向 12 点,则 $\dot{U}_{ab}$ 也指向 11 点,所以用 Y、d11 表示其连接组别。

> **思一思**
> 1. 变压器在空载运行和负载运行两种情况下,铁芯中的磁通分别由什么产生?
> 2. 副边两个绕组共可以输出几种电压?

8.5 变压器的运行特性

变压器的外特性及效率是变压器运行时的两个重要问题。

8.5.1 变压器的外特性和电压调整率

1. 变压器的外特性

交流供电系统中的用电设备通常要通过变压器接入电源。在变压器原边接入额定电压 U_1,副边开路时的开路电压为 U_{20}。变压器副边接入负载后,有电流 I_2 输出,副边中产生电抗压降,根据式(8-24)可知,<u>输出电压 U_2 随输出电流 I_2 的变化而变化,即 $U_2=f(I_2)$,该关系称为变压器的外特性</u>,如图 8-25 所示。外特性曲线可通过实验求得。图 8-25 表明:当负载为电阻性和电感性时,U_2 随 I_2 的增加而下降,且感性负载比阻性负载下降更明显;对于容性负载,U_2 随 I_2 的增加而上升。

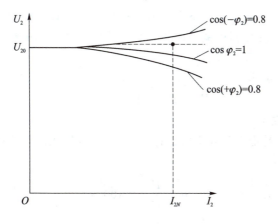

图 8-25 变压器的外特性曲线

2. 电压调整率

变压器副绕组电压 U_2 随 I_2 的变化情况，除了用外特性曲线表示外，还可以用电压调整率 $\Delta U\%$ 来表示。当原绕组为额定电压，负载功率因数为额定值时，如副绕组的空载电压为 U_{20}，当 I_2 增加到额定值 I_{2N} 时的端电压为 U_{2N}，则电压调整率 $\Delta U\%$ 可用下式表示：

$$\Delta U\% = \frac{U_{20} - U_{2N}}{U_{20}} \times 100\% \tag{8-28}$$

电压调整率 $\Delta U\%$ 越小，相应地变压器的稳定性越好。电力变压器的电压调整率为 5% 左右。

8.5.2 变压器的功率与效率

1. 变压器的功率

变压器原绕组的输入功率为

$$P_1 = U_1 I_1 \cos \varphi_1 \tag{8-29}$$

式中，φ_1 为原绕组电压与电流的相位差。

变压器副绕组的输出功率为

$$P_2 = U_2 I_2 \cos \varphi_2 \tag{8-30}$$

式中，φ_2 为副绕组电压与电流的相位差。

变压器工作时是有损耗的，输入功率与输出功率的差就是变压器所损耗的功率，即

$$\Delta P = P_1 - P_2 \tag{8-31}$$

变压器的损耗包括铁损 ΔP_{Fe} 和铜损 ΔP_{Cu}。铁损又包括涡流损耗和磁滞损耗。铁损的大小主要取决于电源的频率及铁芯的磁通量。由于变压器在运行时，电源的频率及磁通量不变，故铁损基本不变。铜损是变压器负载运行时，电流在原、副绕组电阻上产生的损耗，变压器中铜损耗的大小与绕组中通过的电流大小有关。这些损耗均变为热量，使变压器温度升高。

根据能量守恒定律有

$$P_1 = P_2 + \Delta P_{Fe} + \Delta P_{Cu} \tag{8-32}$$

2. 变压器的效率

变压器的效率是指变压器输出的有功功率 P_2 与输入的有功功率 P_1 的比值，用 η 表示，即

$$\eta = \frac{P_2}{P_1} \times 100\% \tag{8-33}$$

$$\eta = \frac{P_2}{P_2 + \Delta P_{Cu} + \Delta P_{Fe}} \times 100\%$$

由于变压器的损耗很小，故效率很高。例如，电力变压器满载时效率在 95% 以

上,大型变压器效率可达 99%。

【例 8-5】 有一台 50 kV·A,6 600 V/230 V 单相变压器,测得铁损 $\Delta P_{Fe}=$ 500 W,铜损 $\Delta P_{Cu}=1\,486$ W,供照明负载用电,满载时副边电压为 220 V,求:

(1) 额定电流 I_{1N}、I_{2N};
(2) 电压调整率 $\Delta U\%$;
(3) 额定负载时的效率 η。

解:(1) 根据 $S_N=I_{2N}U_{2N}$,得

$$I_{2N}=\frac{S_N}{U_{2N}}=\frac{50\,000\text{ V}\cdot\text{A}}{230\text{ V}}=217\text{ A}$$

$$I_{1N}=\frac{I_{2N}}{K}=I_{2N}\frac{U_{2N}}{U_{1N}}=217\text{ A}\times\frac{230\text{ V}}{6\,600\text{ V}}=7.56\text{ A}$$

(2) 电压调整率为

$$\Delta U\%=\frac{U_{20}-U_{2N}}{U_{20}}\times100\%=\frac{230\text{ V}-220\text{ V}}{230\text{ V}}\times100\%\approx4.3\%$$

(3) 负载为电阻,$\cos\phi_2=1$,则额定负载时的有功功率为

$$P_2=I_{2N}U_{2N}\cos\phi_2=217\text{ A}\times220\text{ V}=47\,740\text{ W}$$

因此,额定负载时的效率为

$$\eta=\frac{P_2}{P_2+\Delta P_{Cu}+\Delta P_{Fe}}\times100\%=$$

$$\frac{47\,740\text{ W}}{47\,740\text{ W}+500\text{ W}+1\,468\text{ W}}\times100\%=96\%$$

> **思一思**
> 变压器都有哪些损耗?何为不变损耗?何为可变损耗?

8.6 特殊变压器

除了前面章节讲到的变压器以外,还有一些变压器,如自耦变压器、仪用互感器、电焊变压器、脉冲变压器等,称为特殊变压器。它们与前面讨论的单相双绕组变压器相比,基本原理相同,但其特点和用途各不相同。

8.6.1 自耦变压器

1. 自耦变压器的结构

在前面讨论的单相双绕组变压器中,每一相的原绕组和副绕组独立分开,原绕组具有匝数 N_1,副绕组具有匝数 N_2,原、副绕组之间只有磁的耦合而无电的联系。假

如在变压器中只有一个绕组(见图 8-26),在绕组中引出一个抽头 c,使 $N_{ab}=N_1$,使 $N_{cb}=N_2$,N_{cb} 是副绕组,也是原绕组的一部分,这种原、副绕组具有部分公共绕组的变压器称为自耦变压器。自耦变压器的原、副绕组之间不仅有磁的联系而且还有电的直接联系。

2. 自耦变压器的原理

自耦变压器的原理与普通双绕组变压器相同,在原、副绕组电压、电流之间同样存在如下关系:

$$\frac{U_1}{U_2}=\frac{N_1}{N_2}=K, \quad \frac{I_1}{I_2}=\frac{N_2}{N_1}=\frac{1}{K}$$

式中,K 为自耦变压器的变比。

若将自耦变压器副绕组的分接头 c 做成能沿着径向裸露的绕组表面自由滑动的电刷触头,移动电刷的位置,改变副绕组的匝数,就能平滑地调节输出电压。实验室中常用的调压器就是一种可改变副绕组匝数的自耦变压器,其外形如图 8-27 所示。

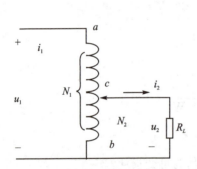

图 8-26 自耦变压器结构

图 8-27 自耦变压器外形

3. 自耦变压器的优缺点

(1) 自耦变压器的主要优点

① 在同样的额定容量下,自耦变压器的主要尺寸大小、有效材料(硅钢片和钢线)和结构材料(钢材)都较节省,从而降低了成本。

② 有效材料的减少使得铜损和铁损也相应减少,故自耦变压器的效率较高。

③ 由于自耦变压器的尺寸小、自重轻,故便于运输和安装,占地面积也小。

(2) 自耦变压器的主要缺点

① 自耦变压器的短路阻抗标值较小,因此短路电流较大。故设计时应注意绕组的机械强度,必要时可适当增大短路阻抗以限制短路电流。

② 由于原、副绕组间有电的直接联系,运行时,原、副绕组侧都需装设避雷器,以防高压侧产生过电压时,引起低压绕组绝缘损坏。

③ 为防止高压侧发生单相接地时引起低压侧非接地相对地电压升得较高,造成对地绝缘击穿,自耦变压器中性点必须可靠接地。

8.6.2 仪用互感器

仪用互感器是一种供测量、控制及保护电路用的有特殊用途的变压器。按用途分电压互感器和电流互感器两种,它们的工作原理和变压器相同。仪用互感器有两个主要用途:一是将测量或控制回路与高电压和大电流电网隔离,以保证工作人员的安全;二是用来扩大交流电表的量程。通常,电压互感器的副电压为100 V,电流互感器的副电流为5 A或1 A。

1. 电压互感器

电压互感器一般是一个降压变压器,图8-28所示为电压互感器的原理图。电压互感器的原绕组匝数较多,与被测电路并联,副绕组的匝数较少,副绕组接入的是电压表(或功率表的电压线圈),由于它们的阻抗很高,因此电压互感器正常工作时相当于副绕组开路时的变压器。

根据变压器的工作原理可知, $\dfrac{U_1}{U_2}=\dfrac{N_1}{N_2}=K$ 或 $U_1=KU_2$。适当地选择变压比,就能从副绕组的电压表上间接地读出高压边的电压。如果配以专用的电压互感器,电压表的刻度可以按高压侧的电压值标出,这样可以直接从电压表读出高压侧的电压值。

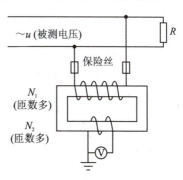

图8-28 电压互感器原理图

为了安全地使用电压互感器,请注意以下几点:

- 电压互感器有一定的额定容量,使用时副绕组侧不宜接过多的仪表,以免影响互感器的测量精度。
- 电压互感器的铁芯及副绕组必须可靠接地,以防止高压绕组的绝缘损坏时,在低压边出现高电压,危及测量人员的安全。
- 使用时电压互感器的副绕组不允许短路。由于互感器的短路阻抗很小,副边一短路,电流将剧增,会烧坏互感器。

2. 电流互感器

电流互感器是一种将大电流变换为小电流的变压器,图8-29所示为电流互感器的原理图。电流互感器原绕组匝数少,只有一两匝,导线粗,工作时串接在待测量的电路中;电流互感器副绕组匝数比原绕组匝数多,导线细,与电流表或其他仪表相连。根据变压器的原理可知

$$\dfrac{I_1}{I_2}=\dfrac{N_2}{N_1}=\dfrac{1}{K}=K_i$$

或

$$I_1 = K_i I_2 \tag{8-34}$$

式中，K_i 是电流互感器的变换系数。

由式(8-34)可知，利用电流互感器可将大电流变换为小电流。

为了安全地使用电流互感器，请注意以下几点：

① 副绕组绝对不允许开路。因为副绕组开路时，互感器为空载运行，原绕组中被测线路电流 I_1 全部成为励磁电流，使铁芯中的磁通增加许多倍，这一方面使铁损大大增加，铁芯严重发热，烧坏互感器；另一方面使副绕组中感应电动势增高到危险的程度，可能击穿绝缘体或发生事故。

② 为了使用安全，电流互感器的副绕组必须可靠接地，因为绝缘击穿后，电力系统的高压将危及副绕组侧回路中的设备及操作人员的安全。

在实际工作中，经常使用的钳形电流表，就是把电流互感器和电流表组装一起，如图8-30所示。电流互感器的铁芯像一把钳子，在测量时可用手柄将铁芯张开，把被测电流的导线套进钳形铁芯内，被测电流的导线套进钳形铁芯内，被测电流的导线就是电流互感器的原绕组，只有一匝，副绕组绕在铁芯上并与电流表接通，这样就可从电流表中直接读出被测电流的大小。利用钳形电流表可以很方便地测量线路中的电流，而不用断开被测电路。

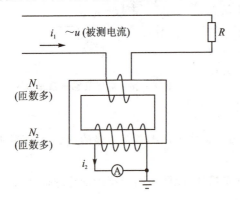

图 8-29　电流互感器原理图

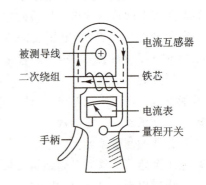

图 8-30　钳形电流表

8.6.3　电焊变压器

交流弧焊机在工程技术上应用很广，其构造实际上是一台特殊的降压变压器，称为电焊变压器，图8-31为电焊变压器的原理图。电焊变压器一般将电压由220 V/380 V 降低到60～80 V 范围内的空载电压，以保证容易点火形成电弧。

焊接时，焊条与焊件之间的电弧相当于一个电阻，要求副绕组电压能急剧下降，这样当焊条与焊件接触时短路电流不会过大，而焊条提起后，焊条与焊件之间所产生的电弧压降约为30 V。为了适应不同焊件和不同规格的焊条，焊接电流的大小要能

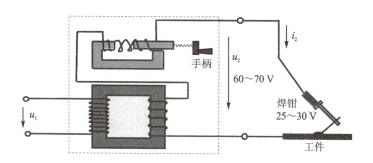

图 8-31 电焊变压器原理图

调节,因此在焊接变压器的副绕组中串联一个可调铁芯电抗器,改变电抗器空气隙的长度就可调节焊接电流的大小。

8.6.4 脉冲变压器

脉冲数字技术已广泛应用于计算机、雷达、电视、数字显示仪器和自动控制等许多领域。在脉冲电路中,常用变压器进行电路之间的耦合、放大及阻抗变换等,这种变压器称为脉冲变压器。图 8-32 所示为一个脉冲变压器的简图。

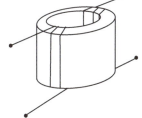

图 8-32 脉冲变压器简图

> **思一思**
> 1. 自耦变压器为什么不能用作安全变压器?
> 2. 电压互感器和电流互感器在使用过程中都有哪些注意事项?
> 3. 电焊变压器的外特性和普通变压器相比有何不同?

习 题

8-1 有一线圈,其匝数为 1 000,绕在由铸钢制成的闭合铁芯上,铁芯的截面面积为 20 cm^2,铁芯的平均长度为 50 cm,铸钢的磁导率为 $1.08×10^{-3}$ H/m。若要在铁芯中产生磁通 0.002 Wb,试问线圈应通入多大的直流电流?

8-2 矩磁材料在性能上与一般永磁材料有什么共同点和不同点?

8-3 从物理意义上说明变压器为什么能变压,而不能变频率?

8-4 变压器铁芯的作用是什么?为什么它要用 0.35 mm 厚、表面涂有绝缘漆的硅钢片叠成?

8-5 变压器原、副边和额定电压的含义是什么?

8-6 变压器的连接组别(如 Y,yn0、Y,d11)的含义是什么?

8-7　变压器的空载损耗是什么？短路损耗是什么？为什么？

8-8　有一台 D-50/10 单相变压器，$S_N = 50 \text{ kV} \cdot \text{A}$，$U_{1N}/U_{2N} = 10\,500 \text{ V}/230 \text{ V}$，试求变压器原、副线圈的额定电流？

8-9　自耦变压器与普通变压器在结构上有什么不同？在能量传递方面又有何不同？

8-10　电压互感器与电流互感器各有什么用途？使用电流互感器时为什么要严禁副边开路？

项目 9　一阶动态电路分析与仿真

在电子产品中,组成元件除了电阻、电源、受控源之外,还有另外一类常用元器件——储能元件,即电容器和电感器。利用电容和电感的储能特性,制成多种电子产品。比如,摩托车、汽车的电子点火器应用电容器和电感器、互感器的充放电及耦合特性实现同步高频电子点火。我们经常看到的各种发射天线和接收天线,主要是由电容和电感构成的。现代移动设备的闪存利用了电容器存储电荷的性能来存储数据。

一阶动态电路的分析,蕴含了电路从初始状态,到理想稳态、平衡状态的电路状态变化,旨在通过持续的总结和归纳,培养知识迁移能力。

☞ **知识目标：**
① 掌握电容和电感的"记忆"特性；
② 掌握一阶动态电路的全响应的计算方法；
③ 了解零输入、零状态的基本概念。

☞ **能力目标：**
① 利用仿真查看电容、电感充放电过程；
② 掌握动态电路的测试方法及波形查看。

9.1　电路的过渡现象及换路定理

概要导览

思一思
电视机关闭后电源灯慢慢熄灭,电灯关闭后却会立即熄灭。电视机的电源部分有着怎样的特殊性？什么元件具有储存能量的特性？

9.1.1　过渡现象

电路的结构或元件的参数发生变化所引起的电路变化,统称为换路,例如电路的接通或者断开、电源的突然变化等。

换路前后,电路的工作状态通常都会发生变化,在图 9-1 所示的电路中,开关 S 从 1 打向 2 之前,电路已经达到稳定状态,电容 C 已经充满电荷,$u_C = U_S$,即流过电阻 R_S 和 R_L 的电流都为零;当开关 S 打向 2 时,电容上储存的电荷就会向电阻 R_L 放电,在接通瞬间,由于电容的储能作用,电容电压仍然为 U_S,瞬时电流最大,随着放电的持续,电容电压逐渐下降,放电电流逐渐减小,在电容上的电荷全部释放完后,放电结束,电容电压、放电电流均为零,电路进入另外一个稳定状态。这种从换路前的稳定状态过渡到换路后的稳定状态所要经历的过程称为过渡过程。

过渡过程产生的根本原因主要是换路后电路的储能元件存储的能量不能发生跃变,需要一个减小或增大的逐渐变化的过程,遵循了能量守恒定律。在图 9-1 中,电容储存的能量不可能突然减小为零,存在一个释放能量的过程,若把电容用电阻元件代替,由于电阻元件不是储能元件,则 S 在从 1 打到 2 后,电阻的电压立即变为零。

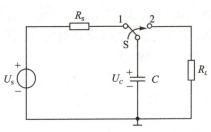

图 9-1 电路的过渡现象

9.1.2 电容充放电仿真实验

利用 Multisim 仿真,查看电容充放电现象,观察波形。实验电路如图 9-2 所示,通过拨动开关,用示波器查看电容充放电波形。仿真实验电路如图 9-3 所示。电容充电波形如图 9-4 所示,电容放电波形如图 9-5 所示。

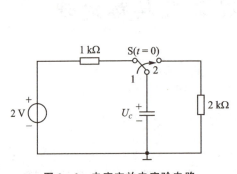

图 9-2 电容充放电实验电路

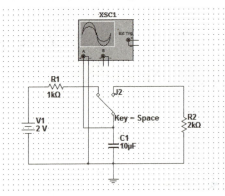

图 9-3 仿真实验电路

9.1.3 换路定律

过渡过程的研究具有重要的实际意义。产生过渡过程必须要具备的两个条件:
① 电路发生换路;

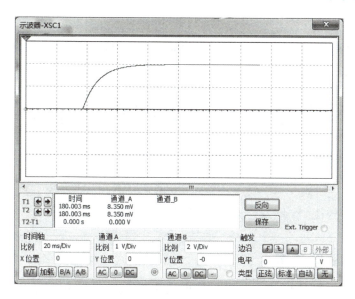

图 9-4 电容充电波形

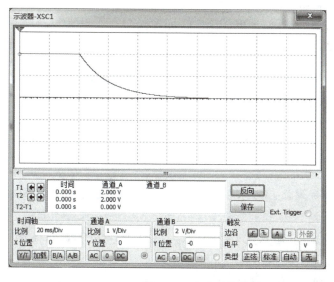

图 9-5 电容放电波形

② 电路中含有储能元件。

若以 $t=0$ 表示换路瞬间及过渡过程的起始时间,以 $t=0_-$ 表示换路前的瞬间,以 $t=0_+$ 表示换路后的瞬间,则换路定律可以用数学方式表示为

$$\begin{cases} u_C(0_+)=u_C(0_-) \\ i_L(0_+)=i_L(0_-) \end{cases}$$

式中,$u_C(0_+)$ 为电容电压的初始值;$i_L(0_+)$ 为电感电流的初始值。

小提示

换路定律仅适用于电容电压和电感电流的初始值,电路中的其他变量有可能发生突变。

9.2 动态电路的初值及终值的计算

概要导览

9.2.1 初值的计算

由于换路定律仅适用于电容电压和电感电流的初始值,所以电容电压和电感电流的初始值可以由换路定律求得,电路中其他变量的初始值必须根据其相应的等效电路来求解。具体步骤如下:

① 画 $t=0_-$ 时的等效电路,求出 $u_C(0_-)$ 和 $i_L(0_-)$。

 小提示

当 $t=0_-$(即在换路前)时,直流电路稳定,电容视为开路,电感视为短路。

② 根据换路定律得出 $u_C(0_+)$ 和 $i_L(0_+)$。

③ 画 $t=0_+$ 时的等效电路,可利用欧姆定律、KCL、KVL 等求解其他变量的初值。

 小提示

当 $t=0_+$(即刚刚换路之后)时,在画等效电路之时,电容等效为恒压源,电感等效为恒流源。若 $u_C(0_+)=0$,电容可视为短路;若 $i_L(0_+)=0$,电感可视为开路。

【例 9-1】 如图 9-6 所示,$U_S=9$ V,$R_1=3$ Ω,$R_2=6$ Ω,试求 S 闭合后瞬间 i_1、i_2、i_L、u_L 的初始值。

解: ① 当 $t=0_-$ 时,电感中没有储能,所以 $i_L(0_-)=0$。

② 根据换路定律得出 $i_L(0_+)=i_L(0_-)=0$。

③ 画出当 $t=0_+$ 时的等效电路,如图 9-7 所示,由于电感的初始电流为零,因此电感在等效电路中开路。

由图 9-6 和图 9-7 可知:

$$i_1(0_+)=i_2(0_+)=\frac{U_S}{R_1+R_2}=\frac{9\text{ V}}{3\text{ Ω}+6\text{ Ω}}=1\text{ A}$$

$$U_L(0_+)=i_2(0_+) \cdot R_2 = 1\text{ A} \times 6\text{ Ω}=6\text{ V}$$

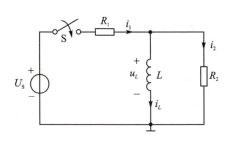

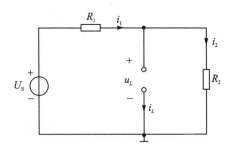

图 9-6　例 9-1 图　　　　　　图 9-7　$t=0_+$ 时的等效电路

【例 9-2】 如图 9-8 所示，$U_S=12$ V，$R_1=6$ Ω，$R_2=6$ Ω，$R_3=3$ Ω，$R_4=2$ Ω，试求 S 闭合后瞬间 i_1、i_2、i_3、i_C、u_C 的初始值。

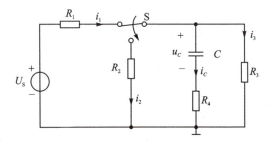

图 9-8　例 9-2 图

解：① 当 $t=0_-$ 时，由于换路前电路处于稳定状态，故电容相当于开路，等效电路如图 9-9 所示。

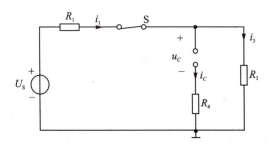

图 9-9　$t=0_-$ 时等效电路

由图 9-9 可知：

$$u_C(0_-)=\frac{U_S}{R_1+R_3}\times R_3=\frac{12\text{ V}}{6\text{ Ω}+3\text{ Ω}}\times 3=4\text{ V}$$

② 根据换路定律得出　$u_C(0_+)=u_C(0_-)=4$ V。

③ 画出在 $t=0_+$ 时的等效电路，电容可等效为电压源，如图 9-10 所示。

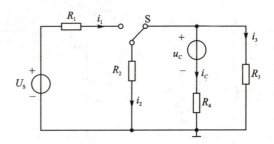

图 9-10 $t=0_+$ 时的等效电路

由图 9-10 可知：

$$i_1(0_+) = 0$$

$$u_C(0_+) = 4 \text{ V}$$

$$i_C(0_+) = -\frac{u_C(0_+)}{R_2 /\!/ R_3 + R_4} = -\frac{4 \text{ V}}{6 \text{ Ω} /\!/ 3 \text{ Ω} + 2 \text{ Ω}} = -1 \text{ A}$$

$$i_2(0_+) = \frac{-i_C(0_+)}{R_2 + R_3} \times R_3 = \frac{1 \text{ A}}{6 \text{ Ω} + 3 \text{ Ω}} \times 3 \text{ Ω} \approx 0.33 \text{ A}$$

$$i_3(0_+) = \frac{-i_C(0_+)}{R_2 + R_3} \times R_2 = \frac{1 \text{ A}}{6 \text{ Ω} + 3 \text{ Ω}} \times 6 \text{ Ω} \approx 0.67 \text{ A}$$

【例 9-3】 如图 9-11 所示，$U_S=18$ V，$R_1=3$ Ω，$R_2=3$ Ω，$R_3=6$ Ω，$R_4=2$ Ω，利用仿真软件 Multisim 求解 S 闭合后瞬间 i_C、u_C、i_L、u_L 的初始值。

解： ① 在 $t=0_-$ 时，由于换路前电路处于稳定状态，故电容相当于开路，电感相当于短路，等效电路如图 9-12 所示。

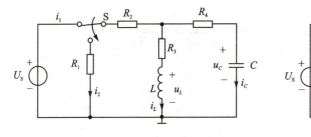

图 9-11 例 9-3 图

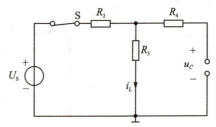

图 9-12 $t=0_-$ 时的等效电路

计算可得

$$i_L(0_-) = \frac{U_S}{R_2 + R_3} = \frac{18 \text{ V}}{3 \text{ Ω} + 6 \text{ Ω}} = 2 \text{ A}$$

$$u_C(0_-) = \frac{U_S}{R_2 + R_3} \cdot R_3 = \frac{18 \text{ V}}{3 \text{ Ω} + 6 \text{ Ω}} \times 6 \text{ Ω} = 12 \text{ V}$$

电路仿真及结果如图 9-13 所示。

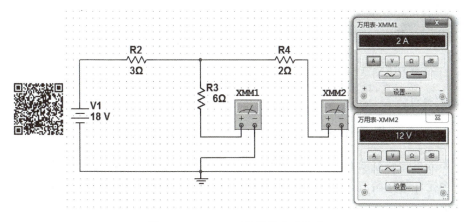

图 9-13 $t = 0_-$ 时的等效电路仿真

② 根据换路定律得出

$$u_C(0_+) = u_C(0_-) = 12 \text{ V}$$
$$i_L(0_+) = i_L(0_-) = 2 \text{ A}$$

③ 画出在 $t = 0_+$ 时的等效电路，如图 9-14 所示，电容可等效为电压源，电感等效为电流源。

计算可得：

$$u_L(0_+) = -6 \text{ V}$$
$$i_C(0_+) = -3 \text{ A}$$

电路仿真及结果如图 9-15 所示。

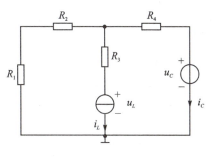

图 9-14 $t = 0_+$ 时的等效电路

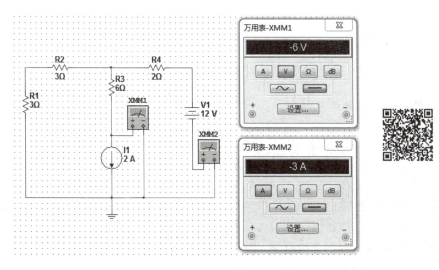

图 9-15 $t = 0_+$ 时的等效电路仿真

思一思

1. 在 $t=0_-$ 时,有没有必要求解 $i_C(0_-)$、$u_L(0_-)$? 为什么?
2. 换路后,哪些量不会发生跃变?
3. 换路后,电阻的电压一定不会发生跃变,这种说法对吗?

9.2.2 稳态值的计算

要分析和研究动态电路过渡过程所存在的规律,除了要了解过渡过程开始时电路中个元件的初始值,还要了解达到新的稳定状态后电路中各元件的稳态值,也可称为终值。

稳态值的计算方法也和初始值相似,首先是要画出 $t=\infty$ 时的电路,画电路时要注意,由于电路达到新的稳态,电容和电感都不再进行充放电,因此<u>在等效的直流电路中电容应被看成开路,电感被看成短路</u>。根据等效电路,再去求解电路中各元件的稳态值。

【例 9-4】 如图 9-16 所示,$U_S=12$ V,$R_1=4$ kΩ,$R_2=5$ kΩ,$R_3=6$ kΩ,求解 S 打开后达到稳定状态时 i_1、i_2、i_3、u_C 的稳态值。

解: 画出 $t=\infty$ 时的等效电路,如图 9-17 所示。

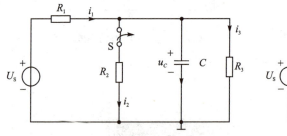
图 9-16 例 9-4 图

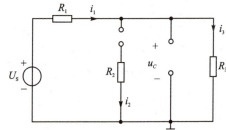
图 9-17 $t=\infty$ 时的等效电路

由图 9-17 可得

$$i_2(\infty)=0$$

$$i_1(\infty)=i_3(\infty)=\frac{U_S}{R_1+R_3}=\frac{12\text{ V}}{4\text{ kΩ}+6\text{ kΩ}}=1.2\text{ mA}$$

$$u_C(\infty)=i_3(\infty)\cdot R_3=1.2\text{ mA}\times 6\text{ kΩ}=7.2\text{ V}$$

【例 9-5】 如图 9-18 所示,$U_{S1}=12$ V,$U_{S2}=6$ V,$R_1=4$ kΩ,$R_2=3$ kΩ,求解 S 闭合后达到稳定状态时 i_L、u_L、i_1、i_2 的稳态值。

解: 画出 $t=\infty$ 时的等效电路,如图 9-19 所示。

由图 9-19 可得

$$u_L(\infty)=0$$

$$i_1(\infty) = \frac{U_{S1}}{R_1} = \frac{12\text{ V}}{4\text{ k}\Omega} = 3\text{ mA}$$

$$i_2(\infty) = \frac{U_{S2}}{R_2} = \frac{6\text{ V}}{3\text{ k}\Omega} = 2\text{ mA}$$

$$i_L(\infty) = i_1(\infty) + i_2(\infty) = 3\text{ mA} + 2\text{ mA} = 5\text{ mA}$$

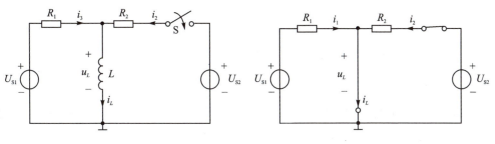

图 9-18　例 9-5 图　　　　　图 9-19　$t=\infty$ 时的等效电路

9.3　动态电路的微分方程

概要导览

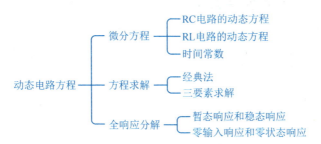

动态电路方程的建立与电阻电路类似,也是利用欧姆定律和基尔霍夫定律,由于动态电路中电容、电感元件的伏安关系是微分或积分关系,因此建立起来的方程也将是以电流或电压为变量的微分方程。

9.3.1　动态元件

电容元件和电感元件这两种元件的电压和电流的约束关系是通过导数或积分表达的,所以称为动态元件。

1. 电容元件

电容两端电压和电流参考关联方向如图 9-20(a)所示,电容的电流强度的定义为

$$i_C(t) = C\frac{\mathrm{d}u_C(t)}{\mathrm{d}t} \tag{9-1}$$

电容的伏安特性还可以写成

$$u_C(t) = \frac{1}{C}\int_{-\infty}^{t} i_C(\tau)\mathrm{d}\tau \qquad (9-2)$$

由此可知：在某一时刻 t，电容电压 u 不仅与该时刻的电流 i 有关，而且与 t 以前电流的全部历史状况有关。因此，我们说电容是一种记忆元件，有"记忆"电流的作用。

2. 电感元件

当电感两端电压和电流参考关联方向如图 9-20(b)所示时，电感的电压的定义为

$$u_L(t) = L\frac{\mathrm{d}i_L(t)}{\mathrm{d}t} \qquad (9-3)$$

电感的伏安特性还可以写成

$$i_L(t) = \frac{1}{L}\int_{-\infty}^{t} u_L(\tau)\mathrm{d}\tau \qquad (9-4)$$

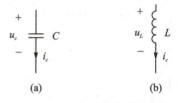

图 9-20　电容和电感的电压和电流参考关联方向

由此可知：任一时刻的电感电流，不仅取决于该时刻的电压值，还取决于 $-\infty \sim t$ 所有时间的电压值，即与电压过去的全部历史有关。可见，电感有"记忆"电压的作用，它也是一种记忆元件。

9.3.2　一阶动态电路方程

1. RC 电路的动态方程

电路如图 9-21 所示，在 $t=0$ 时开关 S 闭合，下面以 $u_C(t)$ 为待求变量来建立 S 闭合后的电路方程。

根据 KVL 可得

$$u_C(t) + u_R(t) = U_S(t)$$

又由于 $i_C(t) = C\dfrac{\mathrm{d}u_C(t)}{\mathrm{d}t}$，$u_R(t) = i_C(t) \cdot R = RC\dfrac{\mathrm{d}u_C(t)}{\mathrm{d}t}$，代入上式，可得

$$u_C(t) + RC\frac{\mathrm{d}u_C(t)}{\mathrm{d}t} = U_S(t)$$

化简后可得

$$u'_C(t) + \frac{1}{RC}u_C(t) = \frac{1}{RC}U_S(t) \qquad (9-5)$$

2. RL 电路的动态方程

电路如图 9-22 所示，在 $t=0$ 时开关 S 闭合，下面以 $i_L(t)$ 为待求变量来建立 S 闭合后的电路方程。

根据 KVL 可得

$$i_L(t) + i_R(t) = I_S(t)$$

由于 $u_L(t) = L\dfrac{\mathrm{d}i_L(t)}{\mathrm{d}t}$，$u_R(t) = u_L(t) = L\dfrac{\mathrm{d}i_L(t)}{\mathrm{d}t}$，故 $i_R(t) = \dfrac{u_R(t)}{R} = \dfrac{L}{R}\dfrac{\mathrm{d}i_L(t)}{\mathrm{d}t}$，

代入上式,可得

$$i_L(t) + \frac{L}{R}\frac{di_L(t)}{dt} = I_s(t)$$

化简后可得

$$i_L'(t) + \frac{R}{L}i_L(t) = \frac{R}{L}I_s(t) \qquad (9-6)$$

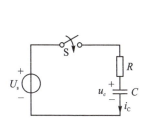

图 9-21 RC 电路

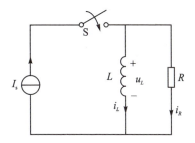

图 9-22 RL 电路

3. 一阶动态电路的时间常数

对比式(9-5)和式(9-6),可发现一般形式可以写成

$$\tau\frac{dy}{dt} + y = f_s \qquad (9-7)$$

其中,f_s 为已知项,与电路的外加激励的输入信号有关;y 为待求量,一般是 $i_L(t)$ 或 $u_C(t)$;τ 为一个与输入无关的常量,它取决于电路的结构和参数,具有时间的量纲,单位为秒(s)。

对于 RC 电路而言,定义时间常数 $\tau = RC$;对于 RL 电路而言,定义时间常数 $\tau = \frac{L}{R}$。

 小提示

1. 对于含有一个储能元件和多个电阻的复杂电路,由于可利用戴维南定理或诺顿定理将电路等效为一个储能元件和一个电阻的简单电路,所以时间常数

$$\tau = R_0 C \quad \text{或} \quad \tau = \frac{L}{R_0}$$

其中,R_0 是从储能元件两端看进去的有源或无源二端网络的等效电阻。

2. 动态元件的充放电曲线是一条渐近线,时间常数 τ 越大,充放电过程越缓慢。动态元件充放电时间的理论值是趋近于无穷大,但在工程上一般近似取 $t = 3\tau \sim 5\tau$。

9.3.3 二阶动态电路微分方程

图 9-23 所示为 RLC 串联电路,仍是以 $u_C(t)$ 为待求变量,列出电路动态方程。

根据基尔霍夫电压定律,可得

$$u_L(t) + u_R(t) + u_C(t) = U_S(t) \quad (9-8)$$

由于

$$i(t) = C\frac{\mathrm{d}u_C(t)}{\mathrm{d}t}$$

$$u_R(t) = R \cdot i(t) = RC\frac{\mathrm{d}u_C(t)}{\mathrm{d}t}$$

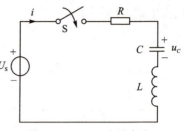

图 9-23　RLC 串联电路

$$u_L(t) = L\frac{\mathrm{d}i_L(t)}{\mathrm{d}t} = L\frac{C\frac{\mathrm{d}u_C(t)}{\mathrm{d}t}}{\mathrm{d}t} = LC\frac{\mathrm{d}^2 u_C(t)}{\mathrm{d}t}$$

代入式(9-8)可得

$$LC\frac{\mathrm{d}^2 u_C(t)}{\mathrm{d}t} + RC\frac{\mathrm{d}u_C(t)}{\mathrm{d}t} + u_C(t) = U_S(t)$$

> **思一思**
>
> 1. 若所列出的动态方程是二阶常系数微分方程,那么电路中含有几个动态元件?
> 2. 若有 n 个独立动态元件,那么电路方程就是 n 阶常系数微分方程。这种说法对吗?
> 3. 一阶微分方程如何求解?

9.4　直流一阶电路的全响应及三要素法

直流一阶电路的全响应就是指非零初始状态的一阶电路在直流电源激励下而在其中产生的电流、电压。直流一阶电路的全响应的求解有两种方法:一是经典法,即由微分方程直接求得;二是三要素法,这种方法更常用。

9.4.1　一阶微分方程的求解

一阶电路的微分方程的形式为 $\tau\dfrac{\mathrm{d}y}{\mathrm{d}t} + y = f_S$,当外加电源激励时(即 f_S 不为零),这是一个非齐次微分方程,它的解由两部分构成,即

$$y = y_1 + y_2 \qquad (9-9)$$

其中,y_1 是齐次微分方程 $\tau\dfrac{\mathrm{d}y}{\mathrm{d}t} + y = 0$ 的通解,y_2 是非齐次微合方程 $\tau\dfrac{\mathrm{d}y}{\mathrm{d}t} + y = f_S$ 的特解。

(1) y_1 的计算

齐次微分方程 $\tau\dfrac{\mathrm{d}y}{\mathrm{d}t}+y=0$，对应的特征方程是 $\tau\cdot p+1=0$，故特征根 $p=-\dfrac{1}{\tau}$，所以通解 y_1 为

$$y_1 = A\mathrm{e}^{-\frac{t}{\tau}} \tag{9-10}$$

(2) y_2 的计算

非齐次微分方程 $\tau\dfrac{\mathrm{d}y}{\mathrm{d}t}+y=f_\mathrm{S}$，特解的形式取决于电源激励的类型，当激励为直流时（即 f_S 为常数），它的特解也为常数，令 $y_2=K$，则非齐次微分方程的解为

$$y = y_1 + y_2 = y_1 = A\mathrm{e}^{-\frac{t}{\tau}} + K \tag{9-11}$$

在 $t=0_+$ 时，$y=y(0_+)$，代入上式可得：$y(0_+)=A\mathrm{e}^0+K=A+K$，在 $t=\infty$ 时，$y=y(\infty)$，代入上式可得：$y(\infty)=A\mathrm{e}^{-\infty}+K=K$，简单计算后可得出 $A=y(0_+)-y(\infty)$，$K=y(\infty)$ 代入式(9-9)，整理后可得

$$y = [y(0_+)-y(\infty)]\mathrm{e}^{-\frac{t}{\tau}}+y(\infty) \tag{9-12}$$

> **想一想**
> 1. 对于如图 9-21 所示电路，y、$y(0_+)$、$y(\infty)$、τ 分别是什么？对于如图 9-22 所示电路又分别是什么？
> 2. 时间常数 τ 有没有单位？

9.4.2 三要素求解

从式(9-12)我们可以得出，只要计算出初始值、稳态值、时间常数这三个要素，就可以得出一阶动态电路的全响应，这种方式就是三要素法。三要素法用于求解 $i_L(t)$ 和 $u_C(t)$，其他量的求解都是通过 $i_L(t)$ 和 $u_C(t)$ 计算得出。

用三要素法则求解电路的主要步骤如下：

① 在 $t=0_-$ 时，画出等效电路，计算电容电压或电感电流的初始值。（在 $t=0_-$ 时画等效电路，电容相当于开路，电感相当于短路。）

② 在 $t=\infty$ 时，画出等效电路，计算电容电压或电感电流的稳态值。（在 $t=\infty$ 时画等效电路，电容相当于开路，电感相当于短路。）

③ 在 $t>0$ 时，求解时间常数 τ，由于 $\tau=R_0 C$ 或 $\tau=\dfrac{L}{R_0}$，也就是求解等效电阻 R_0。用戴维南等效电路计算，即从电容或电感两端看进去电路的总的等效电阻。（在画等效电路时，将电容或电感断开，电压源短路，电流源开路。）

【例 9-6】 如图 9-24 所示，$I_\mathrm{S}=6\ \mathrm{A}$，$U_\mathrm{S}=12\ \mathrm{V}$，$R_1=2\ \Omega$，$R_2=6\ \Omega$，$R_3=3\ \Omega$，

$R_4 = 6\ \Omega$，$L = 0.3\ \mathrm{H}$，电路在 $t<0$ 时已经处于稳定状态，求解换路后的 $i_L(t)$、$u_L(t)$、$i_4(t)$。

解： 利用三要素法，分别求解初值、稳态值、时间常数。

（1）在 $t=0_-$ 时，计算电感电流的初始值。根据电路可得

$$i_L(0_-) = \frac{(R_1 /\!/ R_3 /\!/ R_4) \cdot I_S}{R_3}$$

$$= \frac{(2\ \Omega /\!/ 3\ \Omega /\!/ 6\ \Omega) \cdot 6\ \mathrm{A}}{3\ \Omega}$$

$$= 2\ \mathrm{A}$$

$$i_L(0_+) = i_L(0_-) = 2\ \mathrm{A}$$

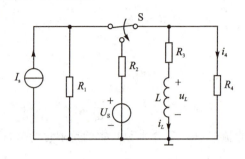

图 9-24 例 9-6 图

仿真电路及结果如图 9-25 所示。

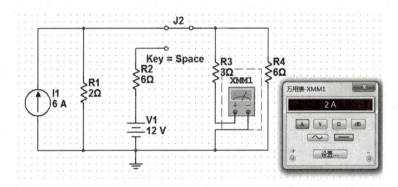

图 9-25 $t=0_-$ 时计算电感电流初始值

（2）在 $t=\infty$ 时，计算电感电流的稳态值。

$$i_L(\infty) = \frac{U_S}{R_2 + R_3 /\!/ R_4} \times \frac{R_4}{R_3 + R_4} = \frac{12\ \mathrm{V}}{6\ \Omega + 3\ \Omega /\!/ 6\ \Omega} \times \frac{6\ \Omega}{3\ \Omega + 6\ \Omega} = 1\ \mathrm{A}$$

仿真电路及结果如图 9-26 所示。

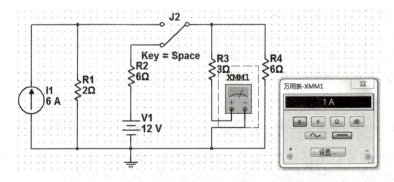

图 9-26 在 $t=\infty$ 时计算电感电流的稳态值

(3) 在 $t>0$ 时,计算时间常数。画出 $t>0$ 时,断开 L 后的等效电路,计算等效电阻 R_0 的值。电路如图 9-27 所示。(注意：计算等效电阻时，从电感两端看进去，电压源短路，电流源开路。)

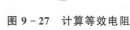

利用戴维南等效定理可得

$$R_0 = R_3 + R_2 /\!/ R_4 = 3 \text{ Ω} + 6 \text{ Ω} /\!/ 6 \text{ Ω} = 6 \text{ Ω}$$

$$\tau = \frac{L}{R_0} = \frac{0.3 \text{ H}}{6 \text{ Ω}} = 0.05 \text{ s}$$

图 9-27 计算等效电阻

仿真换路后的等效电阻如图 9-28 所示。

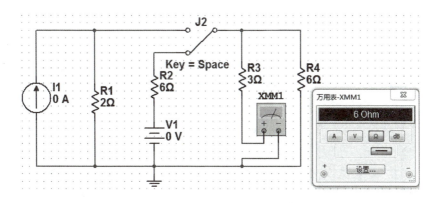

图 9-28 $t>0$ 时计算等效电阻

(4) 代入式(9-12)可得

$$i_L(t) = [i_L(0_+) - i_L(\infty)] e^{-\frac{t}{\tau}} + i_L(\infty) = (2-1) e^{-\frac{t}{0.05}} + 1 = e^{-20t} + 1 \text{ A}$$

$$u_L(t) = L \frac{\mathrm{d}i_L(t)}{\mathrm{d}t} = 0.3(e^{-20t} + 1)' = -6e^{-20t} \text{ V}$$

$$i_4(t) = \frac{i_L(t) \cdot R_3 + u_L(t)}{R_4} = \frac{(e^{-20t} + 1) \times 3 + (-6e^{-20t})}{6}$$

$$= (-0.5e^{-20t} + 0.5) \text{ A}$$

仿真电路如图 9-29 所示,电感电压 $u_L(t)$ 仿真波形如图 9-30 所示。

 小提示

1. 用三要素法先求解 $i_L(t)$ 和 $u_C(t)$,再根据 $i_L(t)$ 和 $u_C(t)$ 去求解电路中的其他量。

2. 除了 $i_L(t)$ 和 $u_C(t)$ 之外的量,波形都有可能发生跃变。

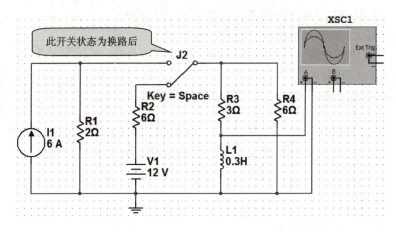

图 9-29 仿真电路

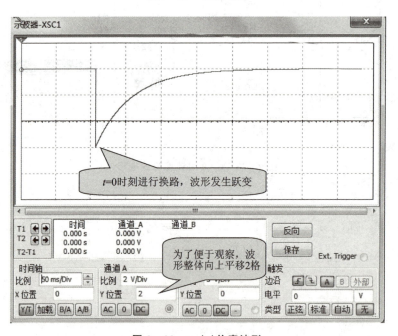

图 9-30 $u_L(t)$ 仿真波形

9.5 一阶动态电路全响应的两种分解

9.5.1 暂态响应和稳态响应

一阶动态电路的全响应公式为

$$y = [y(0_+) - y(\infty)] e^{-\frac{t}{\tau}} + y(\infty) \qquad (9-13)$$

式(9-13)分为两部分:第一部分是与时间相关的量,为电路的暂态响应;第二部分是常量,为电路的稳态响应。即

全响应＝暂态响应＋稳态响应

暂态响应、稳态响应与全响应的关系如图9-31所示。

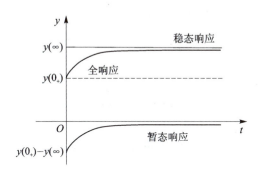

图9-31 稳态响应和暂态响应

9.5.2 零输入响应和零状态响应

全响应公式还可以整理为

$$y = y(\infty)(1-e^{-\frac{t}{\tau}}) + y(0_+)e^{-\frac{t}{\tau}} \qquad (9-14)$$

式(9-14)中,当 $y(0_+)=0$ 时, $y=y(\infty)(1-e^{-\frac{t}{\tau}})$,说明 $y(\infty)(1-e^{-\frac{t}{\tau}})$ 这一项是在储能元件初始储能为零时,由外加激励源产生的响应,这种响应叫零状态响应(Zero State Response,ZSR)。

式(9-14)中,当 $y(\infty)=0$ 时, $y=y(0_+)e^{-\frac{t}{\tau}}$,说明 $y(0_+)e^{-\frac{t}{\tau}}$ 这一项是没有外接激励源,响应仅由初始储能产生,当初始储能释放完后,电路中电流和电压为零,即稳态值为零,这种响应叫零输入响应(Zero Input Response,ZIR)。

因此,一阶动态电路的响应可以分解为

全响应＝零输入响应＋零状态响应

零输入响应、零状态响应与全响应的关系如图9-32所示。

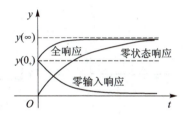

图9-32 零输入和零状态响应

总结：

仅由储能元件的初始储能所产生的响应，称为零输入响应，即

$$y_{ZIR} = y(0_+) e^{-\frac{t}{\tau}} \quad (9-15)$$

仅由外接激励源（电压源和电流源）产生的响应，称为零状态响应，即

$$y_{ZSR} = y(\infty)\left(1 - e^{-\frac{t}{\tau}}\right) \quad (9-16)$$

习　题

9-1　如图 9-33 所示，换路前电路已处于稳态，$t=0$ 时开关 S 打开，求解 $u_C(0_+)$、$i(0_+)$。

9-2　如图 9-34 所示，换路前电路已处于稳态，$t=0$ 时开关 S 闭合，求解 $u_L(0_+)$、$i_L(0_+)$、$i(0_+)$、$u(0_+)$。

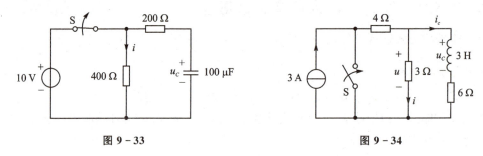

图 9-33　　　　　　　　　　图 9-34

9-3　如图 9-35 所示，换路前电路已处于稳态，$t=0$ 时开关 S 闭合，求解 $t>0$ 时 $i_L(t)$、$u(t)$ 的表达式，并画出波形。

9-4　如图 9-36 所示，换路前电路已处于稳态，$t=0$ 时开关 S 打开，求解 $t>0$ 时 $u_C(t)$、$i_C(t)$。

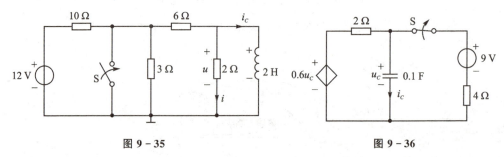

图 9-35　　　　　　　　　　图 9-36

9-5　如图 9-37 所示，换路前电路已处于稳态，$t=0$ 时开关 S 由 1 合到 2，用三要素法则求解 $i_L(t)$、$u_L(t)$ 的表达式，并写出 $i_L(t)$ 的零输入响应、零状态响应。

9-6 如图 9-38 所示,换路前电路已处于稳态,$t=0$ 时开关 S 闭合,用三要素法求解 $i_C(t)$、$u(t)$、$i(t)$ 的表达式,以及 $u_C(t)$ 的零输入响应、零状态响应及全响应。

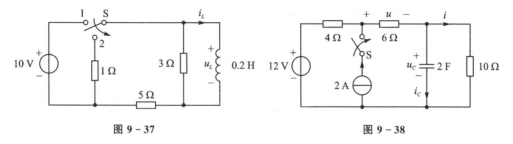

图 9-37   图 9-38

9-7 如图 9-39 所示,换路前电路已处于稳态,$t=0$ 时开关 S 闭合,求解 $t>0$ 时 $i_L(t)$、$u_L(t)$、$u(t)$ 的表达式。

9-8 如图 9-40 所示,换路前电路已处于稳态,$t=0$ 时开关 S 由 1 合到 2,求解 $i_C(t)$、$u_C(t)$、$i(t)$ 的表达式。

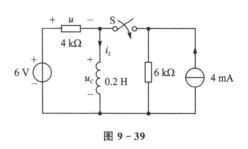

图 9-39

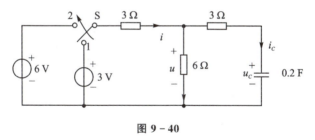

图 9-40

【仿真设计】一阶动态电路的仿真验证

1. 实训目的
① 熟练运用 Multisim 仿真软件进行一阶动态电路的仿真。
② 加深对动态元件的电压、电流之间微分、积分关系的理解和应用。
③ 加深对零输入响应、零状态响应和全响应理解和分析。
④ 观察时间常数与过渡过程持续时长的关系。
⑤ 能熟练进行理论计算与仿真结果的验证分析。

2. 实训原理
① 一阶动态 RC 电路。

② 一阶动态 RL 电路。

3. 实训电路

自行设计一阶动态 RC 电路、RL 电路,设置合适参数,绘制电路图并进行仿真。计算时间常数,观察储能元件充放电时间与电阻之间的关系。

4. 实训内容

① 运行仿真,记录各支路电流值和电压值,并列表填入。

② 当 $t=0_-$ 时,求解储能元件的初值(电容电压或电感电流)。

③ 当 $t=\infty$ 时,求解储能元件的初值(电容电压或电感电流)。

④ 当 $t>0$ 时,求解储能元件两端的等效电阻,计算出时间常数。

⑤ 观察电容两端电压或电感电流,分析哪些量不会跃变,观察充放电时间与等效电阻的关系。

⑥ 将理论分析结果与仿真结果对比比较,验证各分析方法的准确性。

5. 实训分析

① 总结实训结论。

② 对实训过程中的错误进行分析。

附　录　Multisim 13 仿真软件快速入门
——仿真电路的搭建与测量

电子仿真软件,是利用一台计算机和一套电子仿真软件来快速学会电子技术的工具。借助电子仿真软件,可避免使用电子实验室昂贵的配置和减少实验耗材的浪费;可随时随地的重复实验,反复验证;可快速、直观、智能地实现电路参数的准确测量。

电子仿真软件很多,比较适合初学者的,就是目前使用较多的 NI Multisim 电子仿真软件,它有许多版本,这里介绍的是 Multisim 13 教育汉化版本。本附录可以让我们快速理解这个虚拟电子实验室,并基于该平台,来搭建电路和仿真测量电路。

1. Multisim 13 的启动及认知

（1）启动 Multisim 13

启动 Multisim 13 以后,出现如附图 1 所示的界面。

附图 1　Multisim 13 启动界面

Multisim 由美国 NI 公司推出。Multisim(多重仿真),它不仅可完成一般电子电路的虚拟仿真测量,而且在 LabVIEW 虚拟仪器、单片机仿真等方面都有很大的创新和提高,在各电子行业应用非常广泛。

Multisim 13 用软件的方法虚拟电子与电工元器件,虚拟电子与电工仪器和仪表,实现了"软件即元器件""软件即仪器"。

与传统的电子电路实验相比,它具有如下特点:

① 设计与实验可以同步进行,也可以边设计边实验,修改调试方便;

② 设计和实验用的元器件及测试仪器仪表齐全,可以完成各种类型的电路设计

与实验;

③ 可方便地对电路参数进行测试和分析;

④ 可直接打印输出实验数据、测试参数、曲线和电路原理图;

⑤ 实验中不消耗实际的元器件,实验所需元器件的种类和数量不受限制,实验成本大大降低,实验速度快,效率高;

⑥ 设计和实验成功的电路可以直接在产品中使用。

Multisim 13 软件提供的功能可从以下 4 方面理解:

① 提供简单友好的操作界面,单击即可轻松实现原理图的输入;

② 提供了广泛的元器件,从无源器件到有源器件,从模拟器件到数字器件,从分离元器件到集成电路,还有单片机模型和三维元器件模型,有数千个器件模型;

③ 提供了种类齐全的虚拟电子测量设备及三维测量仪器,操作这些设备如同操作真实的设备一样;

④ 还提供了全面的电路分析工具,利用这些工具可以完成对电路的静态和动态分析、时域和频域分析、噪声分析和失真度分析等,帮助设计者较快地全面了解电路性能,大大地缩短了实验的周期,也降低了实验成本。

所有 Multisim 的操作都是在计算机环境下进行的,它不是真实的元器件的搭接和电路的测量,一般称为"虚拟电子实验室",因此,Multisim 实现的是电路的仿真设计与测量。

(2) Multisim 13 的操作界面

程序启动后,出现如附图 2 所示的 Multisim 13 操作界面,就如同一个真实的电子实验台。有菜单栏、工具栏、电路仿真开关、元器件栏、仪器仪表栏、电路工作区、设计工具箱、状态栏和电子表格。

① 菜单栏(Menu Bar):Multisim 13 的所有功能均可在此栏找到,其中 MCU 表示单片机菜单。

② 标准工具栏(Standard Toolbar):新建、打开、保存、打印这些都是常用的功能按钮。

③ 电路工作区(Circuit Windows or Workspace):电子实验台,该工作区是用来搭建、编辑电路图以及进行仿真分析、显示波形的地方。

④ 设计工具箱(Design Toolbox):利用设计工具箱这个管理窗口可以把有关电路设计的原理图、PCB 图、相关文件、电路的各种统计报告进行分类管理,还可以观察分层电路的层次结构。设计工具箱可在"视图"菜单下关闭或打开。

⑤ 元器件工具栏(Components Toolbar):提供电路图中所需的各类电子元器件,如基本元件(电阻、电容、电感等)、二极管、三极管、集成电路等,如附图 3 所示。该工具条可通过"视图"→"工具栏"→"元件"命令关闭或打开。

⑥ 虚拟仪器仪表栏(Instruments Toolbar):Multisim 13 的所有虚拟仪器仪表均可在此工具条找到,如万用表、示波器、频率计、信号发生器、逻辑分析仪等,如附图 4 所示。

附　录　Multisim 13 仿真软件快速入门——仿真电路的搭建与测量

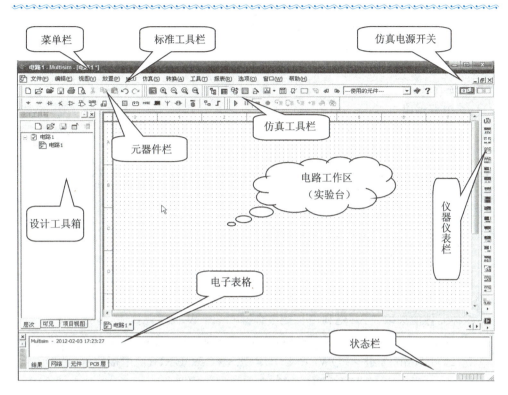

附图 2　Multisim 13 操作界面

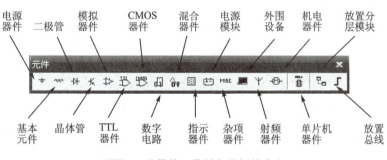

附图 3　元器件工具栏各按钮的含义

附图 4　虚拟仪器仪表工具条

⑦ 电子表格（Spreadsheet View）：元器件属性视窗，该视窗是当前电路文件中所有元器件属性的统计窗口，可通过该视窗改变部分或全部元器件的某一属性。可在"视图"菜单下关闭或打开该视窗。

⑧ 状态栏(Status Bar):主要用于显示当前的操作及鼠标指针所指条目的有关信息。可在"视图"菜单下关闭或打开该状态栏。

提示:可自行依照我国电路符号标准,兼顾个人操作喜好,对 Multisim 13 的操作界面进行设置。

2. 电路创建

以手电筒仿真电路的设计为例,了解电路搭建的步骤。

(1) 保存新建电路

新建文档以"设计1"为默认名,通过"文件"→"另存为"命令修改保存路径和保存名称,其保存路径为"E:\仿真\手电筒仿真电路"。

提示:为防止系统故障或突然停电丢失数据,先保存新建电路,并养成随时保存的习惯(按 Ctrl+S 组合键)。

(2) 调用元器件

分析手电筒电路,列出所需元器件:两个 12 V 的直流电源、接地(Multisim 软件在电路仿真时必须接地)、开关、2 Ω 电阻和 4 V_0.5 W 电灯泡。

5 种元件的选取,可首先利用快捷组合键 Ctrl+W 调用元件库,步骤如下:

① 通过 Sources 组→POWER_SOURCES→DC_POWER,选取 12 V 直流电源;
② 通过 Sources 组→POWER_SOURCES→GROUND,调用接地;
③ Basic 组→SWITCH→DIPSW1,选取单刀单掷开关;
④ Basic 组→RESISTOR,调用电阻,设置阻值为 2 Ω;
⑤ Indicators 组→LAMP,调用指示灯,设置为"4 V_0.5 W"。

元件调用后,会放置在工作区,如附图 5(a)所示;根据电路图需要,可对元件复制、粘贴、旋转,调整后如附图 5(b)所示。

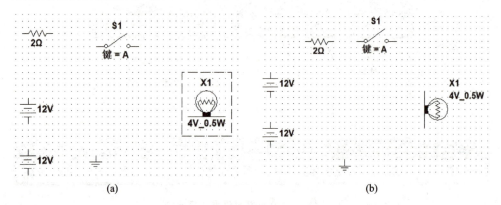

附图 5　手电筒电路元件摆放示意图

提示:双击此元件图标,会出现该元件的对话框,可以设置元件的标签、编号、数值和模型参数。

通过元件右键快捷菜单可对元件实施剪切、复制、删除、镜像、旋转、改变元件符号颜色、代号的字体、元件属性等操作。选择"复制",可以复制被选元件;选择"水平镜像",可使元件作水平转向摆放;选择"剪切"或"删除",均可将被选元件删除(或选中元件后直接按键盘上的 Delete 键)。

(3) 连接电路

① 连接。鼠标指针指向某元件的端点,出现小圆点后按下鼠标左键拖拽到另一个元件的端点,出现小圆点后松开鼠标左键,在元件之间会产生一条红色连线,表示元件已经连接,如附图 6 所示。

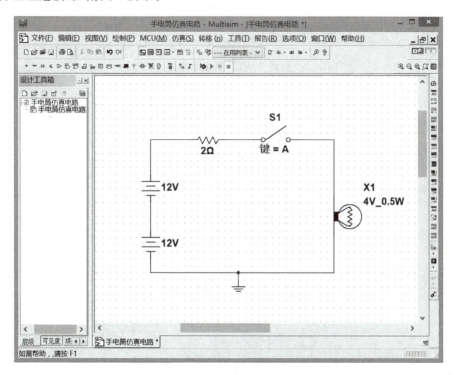

附图 6 手电筒仿真电路接线图

② 删除。选定该导线,右键,在弹出的快捷菜单中单击"删除"命令。

③ 改色。选定该导线,右键,在弹出的快捷菜单中单击"网络颜色或区段颜色"命令来改变整个网络连线色彩或某段连线颜色。

提示:为了使仿真电路更规范,在元件引脚之间作连接时,一般间隔一个栅格点以上,且有一段红色连线存在。

3. 实时仿真

电路连接好后,按下仿真工具栏的"仿真运行按钮"或打开"仿真电源开关",当暂停或停止电路仿真时,按下仿真工具条上的"暂停"按钮和"停止"按钮,即可停止仿真,如附图 7 所示。

当开关打开时,仿真运行,指示灯没发光,如附图 8(a)所示;当开关闭合时,仿真运行,指示灯发光,如附图 8(b)所示。

4. 保存并退出

电路图绘制完成,仿真结束后,执行菜单栏中的"文件"→"保存"命令可以自动按原文件名将该文件保存在设定路径中,便于其后多次调用,反复测量。

附图 7 仿真开关示意图

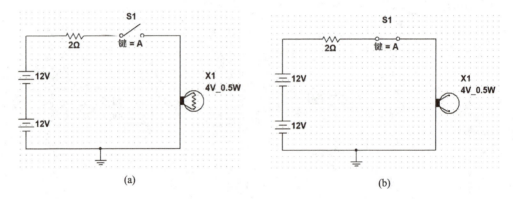

附图 8 手电筒电路仿真结果示意图

参考文献

[1] 李涛,孙宏伟,夏江华.电路分析与仿真教程[M].北京:北京航空航天大学出版社,2019.

[2] 燕庆明,石晨曦.电路基础及应用[M].北京:高等教育出版社,2012.

[3] 张海燕,刘艳昌,余周.电路分析基础与仿真测试[M].北京:北京邮电大学出版社,2010.

[4] 宗云,康丽杰.电路与电子技术基础项目化教程[M].北京:中国电力出版社,2014.

[5] 董惠.电路分析基础[M].北京:中国电力出版社,2010.

[6] 黄学良.电路基础[M].北京:机械工业出版社,2011.

[7] 陈洪亮,张峰,田社平.电路基础[M].北京:高等教育出版社,2007.

[8] 刘建清.从零开始学电路基础[M].北京:国防工业出版社 2007.

[9] 周绍敏.电工技术基础与技能[M].北京:高等教育出版社,2010.

[10] 许晓华,何春华.Multisim 10 电路仿真及应用[M].北京:清华大学出版社,2011.

[11] 朱彩莲.Multisim 电子电路仿真教程[M].西安:西安电子科技大学出版社,2007.